<<<<<<<<<< 国家林业和草原局经济发展研究中心 ▣ 主编

气候变化、生物多样性和荒漠化问题动态参考年度辑要2019

中国林业出版社

图书在版编目(CIP)数据

气候变化、生物多样性和荒漠化问题动态参考年度辑要. 2019 / 国家林业和草原局经济发展研究中心主编. —北京: 中国林业出版社, 2020. 7

ISBN 978-7-5219-0600-4

Ⅰ. ①气… Ⅱ. ①国… Ⅲ. ①气候变化-对策-研究-世界-2019 ②生物多样性-生物资源保护-对策-研究-世界-2019 ③沙漠化-对策-研究-世界-2019 Ⅳ. ①P467 ②X176 ③P941. 73

中国版本图书馆 CIP 数据核字(2020)第 093698 号

出版 中国林业出版社(100009 北京西城区刘海胡同 7 号)
发行 中国林业出版社（电话：010-83223120)
印刷 北京中科印刷有限公司
版次 2020 年 7 月第 1 版
印次 2020 年 7 月第 1 次
开本 787mm×1092mm 1/16
印张 8
字数 200 千字
定价 68. 00 元

编委会

前言

党的十九届四中全会提出，我国国家制度和国家治理体系具有多方面的显著优势，要坚持推进国家治理体系和治理能力现代化。林草治理体系是国家治理体系的重要组成部分，推进林草治理体系和治理能力现代化，是完善生态文明制度体系的重要任务，是建设美丽中国的迫切需要，也是促进林草高质量发展的主要方式。

推进林草治理体系和治理能力现代化，要求林草系统以习近平新时代中国特色社会主义思想为指导，全力践行习近平生态文明思想，牢固树立绿水青山就是金山银山的理念，不断完善林草治理体系，提升治理效能，促进林草事业高质量发展。

推进林草治理体系和治理能力现代化，也对林草工作者提出了更高要求，应充分借鉴国外林草治理体系先进经验，汲取教训，为完善我国林草治理体系提供参考。按照局党组的要求，局经济发展研究中心从2007年起编发《气候变化、生物多样性和荒漠化问题动态参考》(以下简称《动态参考》)，以气候变化、生物多样性和荒漠化治理问题为重点，密切跟踪国内外林草建设和生态治理进程，搜集、整理和分析重要政策信息，为广大林草工作者提供一个跟踪动态、了解信息、学习借鉴的平台。2019年，《动态参考》汇集了近百份有价值的重要信息资料，主要集中在四方面：一是国家公园及自然保护地，重点关注国外国家公园及自然保护地建设的最新进展，包括矿产等自然资源管理、法律体系、海洋保护等；二是林草维护生态安全，重点关注林草在维护基本生态安全、应对气候变化、遏制土地退化、维护生物安全等方面的国际进展、成功案例和有效做法；三是林草公约动态和报告，重点林草相关国际公约和最新报告的进展情况；四是林草高质量发展，重点关注国外流域高质量发展和林草生态补偿对我国的启示等。这些信息必将对广大林草工作者开拓国际视野、指导当前工作起到参考作用。

今年，根据各方的要求和建议，经济发展研究中心将2019年《动态参考》整理汇编，形成了一本内容全面、重点突出、资料翔实、剖析深入的年度辑要，集中展现了林草生态治理的重要政策信息和理论创新成果。今后，在各方的支持下，《动态参考》及其年度辑要，会常办常新、越办越好，使广大林草工作者及时了解国内外林草建设和生态治理的进程动态和政策信息，从中学习借鉴好经验、好做法，为建设生态文明和美丽中国作出新的更大的贡献。

编者

2020年5月

目 录

第一篇

国家公园及自然保护地

美国国家公园矿产管理经验与启示

美国国家公园体系内有大量矿产和油气资源，矿产开发管理历史悠久，目前仍有部分油气和矿产处于开发阶段，还有大量待修复的矿山废弃地。自20世纪70年代以来，美国逐渐意识到矿业开发的危害，逐步完善了相关法律和管理规定，国家公园的整体环境得到有效改善。本文结合我国实际，从基本概况、适用法律、管理特点、典型案例等方面介绍美国国家公园矿产管理方面的经验教训，为解决我国国家公园和自然保护地中的类似问题提供借鉴参考。

一、基本概况

矿产勘探和开发包括矿物的勘探、开采、生产、储存和运输。美国国家公园体系内至少22个保护区有丰富的矿产资源，15个保护区里仍有约1100多个矿权，12个保护区有油气开发，53个保护区与油气用地毗邻。此外，还有近3.7万块废弃矿山，主要包括旧的矿井和油井、建筑物、地基、设备和工具等，废弃矿山主要分布在加州，约占75%①。

上述矿产油气资源得以开发主要有两个原因，一是这些采矿权在公园建成或扩张之前取得，二是在一些特殊的公园中仍然允许采矿权存在。

二、适用法律

在国家公园内进行矿产开发活动必须符合相关法律法规和国家公园管理局的相关政策，主要包括：公园采矿法(Mining in the Parks Act)、矿产租赁法(the Mineral Leasing Act)、获得土地矿产租赁法(the Acquired Lands Mineral Leasing Act)、地表采矿控制和复垦法(the Surface Mining Control and Reclamation Act of 1977)、国家公园系统总务法案(the National Park System General Authorities Act)、阿拉斯加国家利益土地保护法(Alaska National Interest Lands Conservation Act)以及各公园的法规。

其中最重要的是美国联邦法规汇编(Code of Federal Regulations，简称

① 朱清，宋航，吕建伟，等. 基于中美比较的保护区与矿产开发管理研究[J]. 中国国土资源经济，2017(10).

CFR)，其中第 36 篇公园、森林和公共产权的第 1 章第 9 节为矿产资源管理，总计 51 条，分为三部分，分别对国家公园内采矿和采矿请求权、非联邦油气矿业权、阿拉斯加矿产资源评估项目等规定进行了梳理总结。包括立法目的和适用范围、定义、进入许可、表面扰动暂停、档案记录、利益变化、各项评估、开发计划、用水、用路、恢复治理要求、履约保证金、诉讼、处罚和公众档案查询等，系统地规范了国家公园内的采矿、采矿请求权、非联邦油气矿业权的管理。

此外，国家公园管理局于 2006 年出版了《管理政策 2006—国家公园系统管理导引》，其 8.7 部分明确国家公园内矿产资源勘探与开发，必须取得有效的资格且必须遵守相关法律法规等。

三、管理特点

一是建立分级分类管理制度。主要分为联邦矿产租赁(Federal Mineral Leases)和非联邦矿权(Nonfederally Owned Minerals)两级，矿权和油气权两类。管理局在 2006 年的政策汇编中阐明，除国会明确授权的三个国家休闲游憩区(米德湖、威士忌城和格伦峡谷)之外(上述三区具有联邦矿产租赁资格)，所有公园都不再接受新的联邦矿产租赁申请。即便对上述三区，联邦矿产租赁也被限制在部分区域，且只有符合 CFR 规定并获得勘探许可证后才能实施，否则任何人不得勘探这些地区的联邦矿产。法律还规定，在租赁或开发矿产之前，区域办公室主任必须以书面形式确认租赁和开发活动不会对公园资源或管理造成严重不利影响。一些公园的矿产租约在其建立或扩建时就已存在，根据联邦矿产租赁的管理法规，这些租约仍有效并可被保留执行，直至到期。

国家公园体系中的非联邦矿产权益包括两类，一是石油和天然气权益，二是其他矿产权益(例如私人优先矿权、宅地或其他源于一般采矿法的私人矿权等)。管理局根据不同的监管框架监管这两类非联邦矿权。

管理局依照 CFR 规定的相关标准和程序可批准与非联邦石油和天然气利益相关的作业。如果运营商的计划未能满足相关规定，则管理局有权拒绝其活动，并可发起收购。审查上述行为并非为取得财产权益，而是对活动进行合理监管。

此外，管理局还必须确定与这些矿产权益相关的运营活动不会影响公共健康和安全、环境或景观价值、自然或文化资源、科学研究、相关设施的正确分配和使用、游客的参观、管理责任的落实等。如不符合上述标准，管理局有权收回矿权。

二是建立严格的准入审查许可制度。管理局在签发任何一项或多项矿权许可证之前，经营者必须提交业务计划。该计划必须包括经营者基本信息、作业图、运输方式和作业设备说明、拟开展活动的说明及时间表、环境影响评价报告、根据区域特色需要提供的其他补充材料等。

管理局在收到计划的60日内进行评估核准，确保矿产开发不会影响公园内的景观和树木、植被、土壤、水资源等地表资源。确定计划符合标准后，办理备案，同时经营人须向管理局提交担保书及履约保证金（按照矿产开发所需费用核算，可补充追加），若经营人违约，则管理局有权没收保证金，并依法追责。

除非国会通过相关议案，否则若管理局确定拟议的矿产开发会损害公园资源或价值，或此类开发不符合公园建立宗旨或管理局法规的批准标准，并且无法进行充分修改以满足这些标准，管理局将寻求通过收购解决相关的矿产权。在一些公园，法律明确禁止所有或某些类型矿产的开发。

三是建立产量和作业范围限制制度。CFR 法案于 1976 年通过，要求之后国家公园的年矿产量和日矿产量不得超过 1973、1974、1975 三年的年均产量和日均产量，经营方须将此明确写入作业计划，并附上述三年的生产记录副本以备查验。

除非法律规定，否则任何人不得在公园内使用或占用公园范围内土地运输公园外的矿物。所有矿产开发权和资源使用权的边界被严格限定，即仅允许在上述权限内活动，不允许为获取和运输资源开展额外活动（例如修路、调配运输车等，译者注），除非 CFR 有特殊规定。

专栏-1　　美国黄石国家公园矿产管理经验①

1990 年代初，在距黄石国家公园东北角约 5 公里处，Crown Butte 公司租下了私人土地上的金矿开采权。采矿范围在私有土地上，但是 85%的配套工程建在林务局管理的联邦土地上，该公司因此向州政府和联邦政府申请了采矿许可。按照开发方案，准备地下开采，每天采 1800 吨矿石，年产 50 万吨，配套建选矿厂（不使用氰化物）、尾矿库、废石场、变电站、办公区各一个，基本符合清洁生产要求。但反对者之多出乎公司意料：矿山开发会影响这个区域的资源环境和野生动物，可能对黄石国家公园造成关联影响。尽管该公司做了环评方案，将采取先进技术把产生的废物堆存在 40 余公顷的尾矿库里，但反对者认为，如果遇到地震、雪崩等灾害事件，尾矿库也靠不住。1995 年，联合国世界遗产保护委员会以此为主要理由，把黄石国家公园列入“濒危目录”。时任总统克林顿明确表态，不支持该项

---

① 苏杨. 国家公园的天是法治的天，国家公园的矿要永久地“旷”——解读《国家公园总体方案》之二[J]. 中国发展观察，2017(21)：45-49.

目。内政部随后采取行动，宣布撤回该矿周边77平方公里的联邦土地，2年内暂停接受新的矿业权申请。参众两院提出议案，要求永久撤回周边的联邦土地。美国全国矿业协会坚决反对，认为这些举动没必要且不明智。无论是反对者还是支持者，都给负责审批采矿许可证的地方政府带来很大压力，发布环评报告和许可审批结果的时间一再延期。公司看到社会反对力量日渐增强，许可证批复时间一拖再拖，只得和政府坐到谈判桌上。

双方最终在提出申请5年多后达成了协议：①企业放弃项目实施，撤回申请；②政府置换一块价值6500万美元的联邦土地给公司作为补偿；③企业把申请范围内私人土地买断，交给联邦政府，作为联邦土地；④企业设立托管账户，注资2200万美元，负责治理恢复前人采矿造成的破坏和污染。协议签署时，时任美国总统克林顿亲自出席并发表讲话，赞扬这是美国成功应对资源开发和环境保护的博弈，实现双赢的伟大时刻，为解决类似矛盾树立了样板。

但这个样板对矿业公司的震慑只有20年，2015年，Lucky Minerals的公司(总部在加拿大)在黄石国家公园北门外的私人土地上探矿(美国的土地所有人拥有地下的矿产资源，公司只要和土地所有人签了协议，就有了勘查的权利，但并不意味着可以开始打钻施工。因为打钻会影响环境，按照州法律规定，必须取得蒙大拿州环保局的勘查许可)。该公司向州环保局提出申请，准备用两年时间在勘查区内，平整出23个机台，打46个孔。因为过去的勘查活动已经修了路，新占用土地并不多，大约临时占用土地不到30亩(机台、堆场、道路等)。这一按中国西部自然保护区既有矿业开发标准并不“过分”的开发计划激起当地环保组织的强烈反对，他们还动员当地居民共同阻止这个项目。矿业公司认为，勘查是公司的权利且勘查阶段不会破坏环境，因此要求政府尽快批准申请。幸好，已越过“卖血换馒头”阶段的政治家们也表示反对。2016年10月，蒙大拿州议员特斯特给联邦政府的农业部、内政部写信。信中说：矿业在历史上和现在都是蒙大拿州的重要产业，但在黄石公园附近不合适。他准备在国会提出议案，把黄石公园北大门周边约120平方公里的联邦土地永久性地禁止用于矿业用途。其后，蒙大拿州环保局发布了该勘查项目环境影响评价的初步结果，公示80天，其间反对该项目的社会共识声势越来越大。最终，2016年11月，内政部、农业部宣布将采取行动，两年内禁止在黄石国家公园北大门周边约120平方公里申请新的矿业权。同时，启动矿业开发环境影响评价，以决定是否将暂停延长到20年(行政命令允许的最长年限)，防止矿业活动进一步扩大到联邦土地，影响黄石国家公园的周边环境。

四、对我国的启示

一是制定相关自然保护地矿产退出条例或办法，在部分地区开展矿产分类退出试点。甘肃已出台相关办法，采取注销退出、扣除退出、补偿退出等三种退出方式，需及时总结其成功经验并推广。

二是加强矿山废弃地生态修复。美国国家公园体系内依然存有大量未完整修复的废弃地，完善修复率不足15%。我国自然保护地体系中的矿业活动退出后，应加快制定修复办法。修复之后废弃地可开展文化保护和宣教项目，建立遗址公园，实现变废为宝。

三是要完善退矿善后机制。发展矿山公园、旅游参观等接替产业，为因关矿而失业的当地人提供更多的就业机会，在旅游中兼顾生态保护。在核心区严格限制矿产活动，核心区外允许原住民发展绿色产业。同时也应完善资金机制、战略储备矿的权属和后期审批程序、资源监测等。

四是建立定期评估机制和监督机制。美国国会审计署对国家公园内矿产资源开发持续进行评估，以实现矿产资源的科学合理利用。我国也应对自然保护地内矿产资源本底和使用情况进行调查，评估利用方式和效益，以及对生态环境的影响等。

五是完善立法。美国国家公园体系内的矿产管理最突出的特色之一是立法完善，通过矿权分类、矿权准入许可、作业规划设计、环境影响评价、产量和作业范围限制、履约保证金、诉讼等环节，实现了对矿产资源的依法管理。我国也应在国家公园法和自然保护地法中加入严格的矿产管理等内容。

（摘译自：Code of Federal Regulations：Title 36- Parks，Forests，and Public Property，Management Policies 2006-National Park Service；编译整理：李想、陈雅如、赵金成；审定：李冰）

美国国家公园自然资源管理政策汇编

美国国家公园自然资源主要由国家公园管理局负责管理，其对自然资源的定义不仅包括传统的自然资源，也包括自然资源的演化过程、系统和价值。本文结合我国实际，参照中办国办近日印发的《关于统筹推进自然资源资产产权制度改革的指导意见》中关于国家公园自然资源资产管理的论述以及开展国内外比较研究的要求，从自然资源类型、自然资源管理的原则和方法等方面介绍美国国家公园自然资源管理的经验教训，为我国国家公园和自然保护地自然资源管理提供借鉴参考。

一、自然资源类型及管理重点

美国国家公园广义的自然资源包括六种：一是物质资源，如：水、空气、土壤、地形特征、地质特征、古生物资源、自然景观和昼夜晴朗的天空；二是天气、侵蚀、洞穴形成和野火等物理过程；三是原生植物、动物和群落等生物资源；四是光合作用、演替和进化等生物过程；五是生态系统；六是风景等高价值资源。上述自然资源中，纳入具体管理范围的主要有生物资源等八类，共20余个管理重点(表1)。

表1 美国国家公园自然资源类型及管理重点

序号	自然资源类型	管理重点
1	生物资源	动植物种群、遗传资源、入侵物种、害虫等
2	火	自然火和人为火
3	水资源	水权、水质、湿地、流域等
4	空气资源	空气质量、天气与气候等
5	地质资源	地质过程、海岸线、岩溶、地质灾害、地热、土壤等
6	音景(Soundscape)	自然声音及其传输载体等
7	光景(Lightscape)	自然光景、人工照明等
8	化学品和气味(Odors)	动物粪便、树木和花朵分泌物、杀虫剂等

二、自然资源总体管理概念和原则

美国国家公园管理局根据《管理局有机法》(*Organic Act*)《国家公园综合管理法》等管理局专门法规，以及《清洁空气法》《清洁水法》《濒危物种法》《国家环境政策法》和《荒野保护法》等综合性环境法规、行政命令和其它适用法规，对公园自然资源行使管理权，使之处于不受破坏的自然状态，服务当代和后代。保护公园资源及其价值免受破坏，是管理工作的核心。因此管理者须以书面形式明确拟议公园内的活动是否会破坏自然资源。此外，管理者还须采取措施，确保正在进行的活动不会破坏公园自然资源。如果相关活动对公园自然资源的影响无法确定，则以自然资源保护为主。

国家公园管理局对自然资源实行总体全面管理(General Management)，重点保护基本的物理和生物过程，以及单个物种、动植物群落及其相关特征等。在工作实践中，公园管理局非常注重维护处于自然演替过程中的公园生态系统内的所有组分和过程，包括这些生态系统中原生动植物物种的天然丰度、多样性、遗传和生态完整性。此外，在长期的工作实践中还形成了如下共识：如果将公园区域作为生物地理孤岛进行管理，就几乎不可能完全实现或保持其生物物理完整性。相反，必须在较大的生态系统背景下管理公园区域，将需要保护的各类资源置于适当的生态系统环境中。

具体来说，全面管理需要考虑以下六方面的问题。

一是制定自然资源管理规划。每个具有重要自然资源基础(如：属于“自然资源挑战”项目的“生命体征”的组成部分)的公园，应制定并定期更新自然资源管理的长期(至少提前十年到二十年)综合发展战略。并对清查、研究、监测、恢复、缓解、保护、教育和资源使用管理等活动做出规定。该战略还应涵盖以自然资源为载体的自然遗迹和历史文化保护与传承等相关活动，以便实现文化资源(如历史景观)价值，满足游客体验。对于可能对公园自然资源造成影响的运营、开发和管理活动规划必须在高质量影响评估基础上制定，且该评估要基于科学、详实的信息和数据。

二是保存和公布自然资源信息。通过资源清查、监测、研究、评估等形式收集或开发的信息，将按管理局档案和图书馆专业标准进行管理并长期保存。公园自然资源的大部分信息将广泛披露给公园员工、科学界人士和公众。

三是开展自然资源影响评估。对可能影响公园自然资源的拟议活动，管理局需对其运营、开发和资源管理的环境成本和效益进行全面、公开的评估。该评估必须包括：公众的适当参与；将学术、科学和技术信息应用于规划、评估和决策过程；跨学科团队和流程所使用的管理局知识和专业知识；以及全面整合缓解措施、污染预防技术和其他公园可持续管理原则。

管理局制作的每份环境评估和环境影响报告，都应包括对拟议活动是否会损害公园自然资源和价值的分析。每项“无重大影响”的结论、决策记录和公园管理局签署的《国家历史保护法》第106条备忘录协议都应包含单独的证明，说明拟议活动不会损害公园自然资源和价值。

四是建立广泛的合作关系。单一管理者可能难以实现最佳资源管理效果，但与其他土地和资源管理者合作可以实现生态系统稳定和其他资源管理目标。因此，管理局将与联邦政府、部落、州和地方政府及组织，他国政府和组织；私人土地所有者达成协议，酌情协调植物、动物、水和其他自然资源管理活动，维护和保护公园资源和价值。合作可能包括公园恢复活动、公园自然资源研究以及公园内物种的管理。合作还可能涉及协调两个及以上单独区域的管理活动，整合减少冲突的管理措施，协助研究，分享数据和专业知识，交换本地生物资源，建立本地野生动物走廊，并在毗邻公园边界或跨公园边界处提供基本栖息地。

此外，管理局将寻求合作以最大限度地减少来自公园外的影响，包括：控制噪音和人工照明，保持水质和水量，消除有毒物质，保护景观，改善空气质量，保护湿地，保护受威胁或濒危物种，消除外来物种，管理农药的使用，保护海岸线，防治火灾，管理边界影响，以及其他方式保护自然资源。

五是促进自然生态系统恢复。一般情况下，管理局将着力恢复或重塑公园的自然生态功能，除非国会有特殊规定。对受自然现象干扰(如：山体滑坡、地震、洪水、飓风、龙卷风和火灾)的景观进行自然恢复，除需采取调控措施以保护其他公园资源和公共安全等特殊情况外，均可实施自然恢复。因人为干扰造成对自然系统的影响(包括：引入外来物种；空气、水和土壤的污染；改变水文模式和沉积物运移；加速侵蚀和沉积；破坏自然进程)，管理局将受干扰区域恢复至应有的自然状况和过程特征。

管理局还运用现有先进技术，恢复系统内的生物和物质组成部分，加速景观及生物群落结构和功能的恢复。具体措施包括：消除外来物种；清除污染物及非历史性建筑和设施；修复废弃的矿区、废弃或未授权的道路、家畜过度放牧的区域，或受损的天然水道和海岸线；恢复管理局批准的开发活动(如危险树移除、建筑施工、或沙子和砾石开采)或正常公园管理活动干扰的区域；恢复自然音景；恢复原生动植物；恢复自然能见度等。

六是建立自然资源损害赔偿制度。若出现导致公园资源或价值受到破坏或损毁的行为，管理局将使用一切保护和恢复自然资源的措施，维护生态系统和自然资源价值。其中最关键的是损害评估。损害评估是美国实现公众资源的恢复、更替和再生这一最终目标的里程碑，为恢复公众损失、确定赔偿奠定基础。

损害赔偿具体实施步骤如下：第一，确定自然资源受损情况，评估全部损失内容，评定损害程度；第二，评估资源损失成本，包括恢复和监测活动的直接和间接成本；第三，使用资源损害赔偿款，用于恢复、更替受损资源。

三、不同类型自然资源管理的方法和原则

(一)生物资源管理

1. 基本原则

管理局从公园自然生态系统组成角度，维护公园生态系统内的所有植物和动物的数量。“植物和动物”指所有五个生物界，具体包括开花植物、蕨类植物、藓类植物、藻类植物、真菌、细菌、哺乳动物、鸟类、爬行动物、两栖动物、鱼类、昆虫、蠕虫、甲壳动物、小型植物或动物等群类。管理中则始终遵循针对性原则，即对不同类型的生物资源，采用不同的管理办法。

对动植物种群，以保护其数量和栖息地为重要目标，防止种群数量大幅波动和周期性消失。对于居于多个栖息地的动物种群，国家公园作为其栖息地之一，公园管理方会主动与其他栖息地管理方合作，强化协同保护。具体方式包括：共同参与科研和规划；制定互惠政策；共享监测数据；在解说项

目中加入有关物种生命周期，活动范围和种群动态的信息，以提高公众对公园所有物种(包括常住物种和外来物种)的认识；防治外来物种入侵等。

对遗传资源，管理局通过延续自然进化过程和减少人类对进化中的遗传多样性的干扰，努力保护公园内本土动植物种群的全部遗传类型(基因型)。管理局使用来自遗传和生态上尽可能密切相关的种群的有机体(特别是来自邻近或当地的类似生境的有机体)，恢复本土植物和动物。为加强本土繁育的种群之间的基因流，恢复物种的遗传多样性，还进行了生物体移植的探索和尝试。在对种群的遗传兼容性进行评估的基础上，当本土植物或动物因某个原因(如：打猎、捕鱼、害虫管理等)被移除时，管理局将会把自然遗传多样性控制在合理水平。

2. 管理本土动植物

(1)*恢复本土动植物物种*。当物种种群大量减少甚至濒临消失时，管理局可以实行恢复计划。该计划可能包括在恢复工作期间将动物限制在小范围圈地内，但前提是动物已适应了新区域，或者已经足够成熟，能够将食肉动物、偷猎、疾病或其他威胁降到最低。恢复动物物种的计划还可包括：将动物关在笼子里进行圈养繁殖，以增加放归野外的后代数量，或管理种群的基因库。恢复植物物种的计划可包括：在温室、花园或其他封闭区域繁殖植物，以开发繁殖材料(繁殖体)，用于恢复物种或管理种群的基因库。

(2)*管理受威胁或濒危动植物*。管理局将调查、保护、并努力恢复国家公园系统被列入《濒危物种法案》的本土物种。与美国鱼类和野生动物管理局以及美国国家海洋暨大气总署渔业局合作，确保国家公园管理局的行动符合《濒危物种法案》的要求和精神。采取积极的管理计划，对所列物种的栖息地进行清查、监测、恢复和维护；控制有害外来物种入侵；对游客准入进行管理，防止对公园产生危害的游客进入。管理指定的重要生境、基本生境和复原区，以维持和提高其对恢复受威胁和濒危物种的价值。

(3)*管理自然景观*。采取自然恢复和人工干预相结合的方法实现景观管理。重要工作有两项：景观复绿和景观恢复。景观复绿可使用能代表正在开展恢复工程的公园本土生态组分物种和基因库的种子、无性系插条或移植材料。当一个自然区域退化到无法利用公园原有基因库进行恢复的程度时，可以使用改良品种或与之密切相关的本土物种进行恢复。景观恢复可使用地质和土壤资源管理政策允许的地质材料和土壤，适当添加土壤肥料或其他土壤改良剂，但这种肥料和改良剂不应对土壤和生物群落的物理、化学或生物特性产生不可接受的影响，也不会降解地表或地下水。

3. 管理公众获取的动植物

通常情况下，公众可以在规定的名录内采摘猎取一定数量的动植物资源，例如捕鱼等。管理局将酌情与各州政府及部落协商与合作，以在符合联邦和州法规的条件下恢复和维护可采摘猎取动植物种群的生境。管理局不能为了增加获取物种的数量，而采取减少本土物种数量的行动，也不允许其他群体在管理局管理的土地上这么做。管理是为了满足可采摘猎取物种自我繁衍发展的需要，不是为了增加植物或动物存量以提高收获量。在特殊情况下，管理局可储存本土或外来动物物种以供娱乐性采摘或猎取，但前提是这种储存不会对公园的自然资源或过程造成不可接受的影响。

4. 管理外来物种

一般情况下，公园不会引入外来物种。只在少数情况下引进或维持外来物种，以满足特定的、已确定的管理需求，同时采取一切可行和审慎的措施，最大限度减少其带来危害的风险。可以引进的物种包括，近缘的小种、亚种或已灭绝的本土物种的杂交种；经过改良的本土物种，其自然品种无法在人类目前改变的环境中生存；用于控制另一物种而已经建立种群的外来物种；某外来物种需要满足历史资源的理想状态，且无入侵性；外来物种属于可以保持文化景观特征的农业作物，且管理局对引进转基因有机体的任何建议进行严格审查。

如果家畜(如：牛、绵羊、山羊、马、骡子、驴、驯鹿和羊驼)是饲养在一些公园内的外来物种，可用于商业放牧、娱乐；或维持文化景观及支持公园经营等行政目的。管理局将在可能的情况下逐步取消牲畜的商业性放牧，并管理牲畜的娱乐和行政用途，以防止这些用途对公园资源造成不良影响。

此外，若外来物种干扰了自然过程和自然特征的延续，影响本土物种或自然栖息地，或破坏了本土物种的遗传完整性及文化资源、景观，严重妨碍了公园或邻近土地的管理，威胁了公共安全，管理局将会开展移除行动。实施管理的前提条件是确定目标物种是外来物种，管理可行有效，管理员应：①评估该物种对公园资源的当前或潜在影响；②根据既定规划程序制定和实施外来物种管理计划；③酌情与联邦、部落、地方和州机构以及其他相关团体进行协商；④酌情邀请公众进行审查和评论。管理外来物种的方案要避免对当地物种、自然生态群落、自然生态过程、文化资源以及人类健康和安全造成重大损害。

5. 病害虫防治

病害虫防治必须制定综合管理方案(IPM)，管理局需仔细审查每个案例。对于有争议的问题必须通过既定的规划程序加以解决，并纳入批准的公园管理或 IPM 计划。IPM 包括何时实施害虫管理行动以及采取哪种组合策略最为有效。

其他纳入病害虫防治的还包括农药、生物控制剂和生物工程产品等。其中农药使用被严格控制，使用农药前，必须提交使用申请，并逐一进行审查，并将环境影响、成本和人力以及其他有关的因素考虑在内。所有在管理局管理或控制的土地上使用农药的情况，无论该使用是否经过授权，都必须每年报告。农药只能由经联邦或州认证系统认证或注册的施药者使用或在其监督下使用。

（二）水资源管理

1. 水权

管理局与公园所在州的水资源管理机构合作，保护公园水资源，并参加水权利益相关方的谈判，寻求冲突解决方案。如果没有其他可用水，当管理局用水时需自行购买。另外，管理局可与个人、州或其政府分支机构签订水资源出售或租赁合同，为没有合适的可替代水源的公园内外游客提供公共住宿和服务。

2. 水质

点源或非点源的地表水和地下水污染会损害水生和陆地生态系统的自然功能，减弱游客对公园水域使用和享受效果。管理局应确定公园地表水和地下水的水质状况，并尽可能避免公园内外人类活动对水域的污染。管理局还与相关政府机构合作，以达到《清洁水法》的最高标准，保护公园水域；按照《清洁水法》以及其他适用的联邦、州和地区法规，采取一切必要措施维护或恢复公园内地表水和地下水的水质；酌情与其他机构或政府签订协议，共同保护并恢复公园水源水质。

3. 湿地

管理局主导并采取行动防止湿地破坏、丧失和退化；保护并提升湿地的生态功能和价值；避免直接或间接支持湿地内新建工程，除非没有适用的可替代方案或提议行动包含对湿地危害最小化的可行措施。

实行“湿地零损失”政策。通过恢复以往退化或遭破坏的湿地，努力实现长时期全国湿地净增长的长远目标。当自然湿地特征或功能由于先前或正在进行的人类活动而退化或丧失时，管理局将在切实可行的范围内将其恢复到被干扰前的状态。

开展湿地普查，以协助制定湿地资源管理和保护的合理规划。在拟开发或易受人类活动影响而退化或损失的区域，开展更详细的湿地普查。在切实可行的情况下，管理局在确保自然湿地生态功能基础上，尽可能的发挥其教育、娱乐、科学研究等功能，提高自然湿地的价值，而不是只采取简单的保护行动。

通过恢复以前被破坏或退化的湿地，弥补无法避免的不利影响。对湿地补偿要求是，每破坏或退化 1 英亩湿地，需恢复至少 1 英亩湿地。对于管理局提出的可能对湿地产生不利影响的行动，必须进行环境评估或发布环境影响声明。如果首选替代方案也将对湿地产生不利影响，则必须根据局长令，准备调查结果陈述书并申请批准。

4. 流域与溪流管理

管理局将流域作为完整的水文系统进行管理，最大程度减少人类活动对水文过程的影响，包括：径流、侵蚀以及由火烧、昆虫、气象事件和物体运移对植被和土壤造成的影响。管理局将管理河流保护其径流，这些进程能创造栖息地的特征，例如：洪泛平原、河岸缓冲带、木质碎片堆积、梯田、砾堆、浅滩和水池。河流过程包括洪水、河道迁移以及相关的侵蚀和沉积。

管理局主要通过避免对流域和河岸植被的影响以及允许自然河床溪流过程不受干扰，保护流域和径流。当基础设施(如：桥梁和管道的穿越)与溪流之间的冲突不可避免时，管理局将首先考虑移位或重新设计，而非改变溪流方向。在河流干预不可避免时，管理者将使用视觉上不明显的技术方案，并在最大程度上保护自然进程。

(三)火管理

主要分为自然火和人为火的管理。自然火及其产生的烟雾是公园中持续存在的自然体系的组成部分。该自然体系包括了可以适应火的植物和动物群落。它们需要定期的火烧以保持生态完整性。当前国家公园内的自然火发生频率非常低，但当自然野火受到人为干涉时，公园的生态系统可能丧失完整性。

拥有植被可燃物的公园应制定火管理计划，该计划应与联邦法律和各部门《火管理政策》保持一致，配备支持该计划的足够资金和人员。计划必须响应公园的自然和文化资源目标，同时保护公共卫生和安全。计划还应包括，在何种情况下对火烧后的生态系统进行天然更新，何时需要采取管理行动来恢复、稳定或恢复林火区域，以及火对空气质量、水质和人类健康与安全的影响。

所有的野火都应在公园火管理计划的指导下，采用适当的策略管理方案进行有效管理。方案的选择需综合考虑要保护的资源价值、消防人员和公众安全、成本、消防资源的可用量、天气以及燃料条件等，同时设计监控方案，以记录火势、烟雾状态、涉火决策以及火烧造成的后果。野火可能会对公园其他的自然资源和人身财产安全造成危害，因此要防止危险可燃物在特定区域的积累，强化战略性规划和多部门、跨组织协作，为景观适应性管理提供解决方案。这些策略还应包含其他活动，比如人力、机械、生物、化学处理方法等。

（四）空气资源管理

管理局有责任使公园空气质量保持最佳，维护旅客的出游体验、健康和自然风景，保护公园中对空气质量十分敏感的植被、水质、野生动植物、历史及远古的遗迹等资源。管理者将根据《清洁空气法》规定的职责采取行动，保护I类区域内与空气质量密切相关的资源。I类区域于1977年划定，包括6000多亩国家公园和5000多亩国家荒野地。该法案确定的国家目标是，防止任何未来的（并补救现在的）人类活动对I类区域造成的能见度危害（visibility impairment）。

当一个地区的空气污染浓度超过国家或州空气质量标准限值时，管理人员将按照规定以合理方式告知游客与员工。此外，由于当前和未来公园的空气质量在很大程度上受他人行为的影响，因此，管理局应收集影响公园空气质量管理决策相关的信息。

管理局将对公园空气质量及相关价值进行普查；监测并记录空气质量及相关价值状况；评估空气污染的影响并确定根源；最大限度减少公园运营产生的空气污染排放，包括开展规定的火管理和游客游憩活动；确保管理局室内设施空气质量健康。

管理局将积极参与联邦、州和地方空气污染防治法规的制定，积极寻求补救并防治外部合作项目因空气污染给公园资源带来的影响。将审核主要空气污染源的行政许可申请，并评估其潜在影响。如果确定该类新的污染源对空气质量及相关价值可能产生不利影响，公园管理局将建议许可当局禁止施工或进行改进以消除不利影响。通过教育性或解释性的方案，促进公众对公园空气质量问题的理解，促使管理局加强空气质量的管理。

（五）地质资源管理

管理局将保存和保护公园自然系统组成部分的地质资源，主要包括地质特征和地质过程。管理局将评估自然过程和人类活动对地质资源的影响；维持并恢复现有地质资源的完整性；将地质资源管理纳入管理局的工作范围和规划；为公园游客介绍地质资源。

1. 地质过程保护

地质过程在广泛的空间和时间内影响人类发展。此过程包括但不受限于剥离、侵蚀和沉积、冰蚀、岩溶发育、海岸线变迁、地震和火山活动等。重点介绍三类，即海岸线、喀斯特岩溶、地质灾害的管理。

对于海岸线，如果人类活动或人工建筑改变了自然海岸线变迁的性质和速度，管理局将与相关州和联邦机构协商，研究减轻此类活动或结构的影响以及恢复自然条件的替代性方案。

任何建议保护文化资源的海岸线管理措施，只有在分析了这些措施对自然资源和过程的影响程度后才能获得批准，以便通过评估替代性方案做出知情决策。在法律要求防治侵蚀的地方，或者在短期内必须保护发展现状(包括高密度的游客娱乐设施)以实现公园管理目标的地方，管理局将采用最有效可行的方案实现资源管理目标，同时尽量减少对目标区域的影响。禁止在受海浪侵蚀或海岸线过程活跃的地带实施新项目开发。

管理局将对喀斯特地形进行管理，以保持其水质、泉流、排水方式以及洞穴的内在完整性。岩溶发育(水溶解石灰岩的过程)创造了像灰岩坑、地下径流、洞穴和泉水等区域。由岩溶过程产生的区域性水文系统(Regional Hydrological Systems)，直接受到地表土地利用的影响。如果现有或拟开发的项目会对岩溶过程造成显著改变或不利影响，则需减轻这类影响。在切实可行的情况下，这些开发项目应被确定在不对影响岩溶系统的区域。

管理局将与美国地质调查局的专家以及当地、州、部落和联邦灾害管理部门开展合作，制定有效的地质灾害识别和管理战略。虽然未来地质灾害的规模和时间很难预测，但公园管理者将努力掌握自然灾害信息，一旦对灾害有所了解，就可减少其对游客、员工和已开发区域的潜在影响。在对可产生潜在影响的自然过程进行干预前，管理者应考虑其他替代性方案。管理局将努力避免新的游客和其他设施进入地质灾害危险区域。管理者将根据《管理政策》的相关条款，审查为公园发展而逐步淘汰、重置以及替代性设施的可行性。

2. 地质特征管理

地质特征是指地质作用的产物及物理组成。公园的地质特征包括岩石、土壤和矿物，地热系统中的间歇泉和温泉，洞穴和岩溶系统，侵蚀景观中的峡谷和拱石，沉积景观中的沙丘、冰碛和梯田，艺术性或罕见的露头岩石和岩层；古生物和古生态资源，如化石植物、动物或其他痕迹。此处重点介绍古生物资源、洞穴、地热和水热资源、土壤资源的管理。

(1)古生物资源。管理者制定古生物资源调查方案，系统监测新发现的化石(特别是在快速侵蚀区域)。鼓励并帮助学术界在获得许可的条件下，开展古生物实地调查。收集标本时，详细记录化石地点和相关地质数据。在考古学中发现的古生物资源，应遵循古资源政策的指导。计划永久保留的古生物标本，应遵守博物馆实物政策。

管理局将采取适当行动，防止化石受损和未经授权的收集。为保护古生物资源免受损害、盗窃或毁坏，在必要时确保有关资源的性质和具体位置信息保密。公园只能与其他博物馆和公共机构交换化石标本。这些博物馆和公共机构有管理博物馆藏品的资格，并致力于保护和解释自然遗产。公园禁止销售原始古生物标本。管理局通常应避免购买化石标本，应该制定化石清单和复制品。

在具有潜在古生物资源的地区开展国家公园建设项目时，必须在动工前进行古生物资源影响评估。对于已发现或可能发现的古生物资源，应避免施工或在必要情况下于施工前收集资源并妥善管理。

(2)洞穴。包括岩溶洞穴(如：石灰岩和石膏洞穴)和非岩溶洞穴(如：溶岩洞、沿岸洞穴和岩屑滑落洞)。管理局根据批准的洞穴管理规划对洞穴进行管理，维护与洞穴相关的自然系统，例如岩溶和其他水系型式、气流、矿物沉积以及动植物群落。荒地和文化资源与价值同样也将受到保护。

许多洞穴或洞穴的某部分都蕴含着脆弱的不可再生资源，并且不能自然恢复。这种情况下，大多数的影响会随着时间流逝不断累积。因此，在洞穴内部、上方或附近禁止任何开发与利用，包括公众出入(如：道路、灯照和升降机井)，除非可以证明上述行为不会对洞穴自然资源和环境产生不可接受的影响(包括地下水运动)，以及不会对公共安全产生不可接受的危险。

当需要采取这些行动保护洞穴资源和人类安全时，公园将对洞穴使用进行管理。一些洞穴或其某部分可以专门用于研究，仅允许研究人员出入。

(3)热量资源。热量资源(亦称地热或水热系统)，包括地下热源、热导管岩层以及在底层中循环并可在地面排放的空气和/或水。这些资源创造了很多地理现象，如：间歇泉、温泉、泥浆池、喷气孔、独特/稀有矿物沉淀物和亲水性的生物群落。

管理局将努力维护热力系统的完整性，包括在热岩下的空气和水运动、冷水补给、热源周围的热水或温水以及静水压和高温。管理局将制定措施防止开发对热量资源造成不可接受的影响，包括：地热资源损失、地面沉陷、地震频繁、释放有毒气体、钻井或发电厂产生的噪音和地表扰动以及污染水和盐水排放。由于热力系统会远远超出公园边界，因此需与当地政府等合作，以确定热力系统范围，保护公园范围内的热力系统。同时，管理局将于美国地质调查局合作，针对特定的重要热量资源进行监测。

(4)土壤资源管理。管理局通过开展土壤调查，绘制土壤图，确定土壤物理和化学特征，制定指导资源管理和开发决策等活动，了解并保护公园土壤资源，最大限度防止土壤的非自然侵蚀、物理性损失、土壤污染及其对其他资源产生的污染。

通常可以通过土壤保护和土壤改良避免或减轻影响。也可以从公园外引进土壤或使用土壤改良剂，恢复受损区域。引进土壤一般应是拯救性使用的土壤而非原生土壤，除非使用原生土壤可以达到目的同时不对整体生态体统造成损害。在使用任何公园外的材料时，公园必须制定方案，对旨在恢复原生地土壤的物理、化学和生物特性的材料进行筛选，而不引进任何外来物种。

（六）音景管理

国家公园自然音景资源包含公园内发生的所有自然声音，包括传输这些自然声音的物理载体。管理者根据管理计划确定对公园音景造成可接受影响的自然声音级别和类型。在公园内部和周边，管理局还监测对公园音景产生不利影响的人类活动噪音，包括机器或电子设备产生的噪音。管理局将采取行动，防止并尽量减少通过频率、振幅或持续时间对自然音景或其他资源产生不利影响的噪音，或超出通过监测确定为可接受或符合游客用途的水平的噪音。

（七）光景管理

管理局将尽最大可能保护公园的自然光景。自然光景是存在于无人造光环境中的自然资源和价值。在诸如洞穴或深水底部等没有光线的地域，自然光景会影响生物进程和物种的进化，比如盲眼鱼类。在深夜，波浪的磷光有助于刚孵化的海龟适应大海。在晴朗的夜晚可以看到的恒星、行星和月球会影响人类和许多其他的动物，例如，鸟类依靠星星为飞行或捕食导航。

不合适的户外照明会妨碍观景和游客享受自然夜空。管理局将最大限度减少公园设施发出的光线，防止或尽量减少公园人造灯光对生态系统夜景的侵害。逐步减少并在必要时完全禁止使用人工照明，以防止干扰夜空、自然洞穴发育、生物体的生理过程以及类似的自然进程。

（八）化学品和气味管理

天然化学物质和气味传递的信息会被生物体接收。许多动物能够感知，并通过改变它们的行为做出回应，例如：交配、迁徙、喂食、躲避捕食者、选择猎物以及建立社会结构。

管理局将尽最大可能保护天然化学信息和气味，防止①使用人造化学物质避免阻碍天然化学品的释放、沉淀或感知；②扰乱或混合天然化学物质的人类行为。

管理局应对改变天然化学信息和气味的某些管理措施进行告知。例如，管理局可能会：将杀虫剂和信息素（也称“外激素”）引进公园，作为综合虫害管理计划的一部分；建设并运营密集的开发区，引入非天然化学品；改变植被，从而改变释放到空气中的天然植物化学物质种类；通过供水或下水道系统将水从一个排水系统转移到另一个排水系统；或在空中、陆地和水上使用排气电动机。

四、自然资源科研管理

管理局鼓励进行经审慎审查的自然资源研究，即通过短期或长期科学或学术调查或教育活动，对自然资源进行调查、清查、监测和研究，包括数据和标本采集。在公园开展研究之前，需要明确两项事宜，第一，研究范围、方案和内容的书面描述，应得到批准；第二，应有一份研究方案符合环境和文化资源要求的书面声明。

所有公园内的研究活动，包括研究方法以及科学和管理价值方面的信息获得及采集活动等，都应采用非破坏性的方法，最大程度地保护资源。虽然对公园资源造成物理影响或移除物体或标本的研究可被批准实施，但严禁开展致使公园资源和价值受损的研究和采集活动。大多数情况下，只能进行少量采集。除拟议活动明显需要反复采集(如：监测活动或公园恢复项目活动)的情况外，禁止重复采集材料。

管理局将自然资源研究分为两类：官方资助和独立研究，实行分类管理。对于官方资助类，管理局需明确、汇编和整合其管理的自然资源综合基线清查数据，并确定影响这些资源的过程，定期监测资源和过程的变化，分析获取的信息，调整管理策略等。此外，管理局还重点支持某些方面的自然资源研究，主要包括自然资源信息系统更新完善，受干扰资源的恢复技术和政策，对自然资源等造成不利影响的预测、规避和控制技术和政策，自然资源管理的替代性策略，自然资源对原住民生计影响等。

管理局的员工可以承担例行的清查、监测、研究和相关职责，但应严格遵守专业标准以及常规和公园特定的研究和采集许可条件。管理局员工进行的所有研究、数据和标本采集，都应依据调查、清查、监测和研究的相关所有法律、法规、政策和专业标准执行并进行适当记录。鼓励员工通过发表论文或考察报告等方式，使民众周知。

对于独立研究类，实行采集许可证制度。若涉及数据和标本采集等，管理局需要审核并决定是否授权给研究者科研采集许可证。这些研究必须符合管理局关于数据采集和发布、研究实施、荒野限制以及许可条款中确定的公园特定要求的政策和指导方针。项目将由完全合格的人员管理和执行，并符合现行的学术标准。管理局科研采集许可证要求被许可人在商定的时限内为公园提供适当的野外记录副本、编目和其他数据；数据相关信息；进度报告；临时报告和最终报告；以及有关许可活动的出版物。

另外有两个问题值得注意。一是严格管理自然资源采集标本，主要分为非活体标本和活体标本。《联邦法规》和管理局指导文件明确了采集和管理标本及相关野外记录的指南。非活体标本及其相关的野外记录作为博物馆藏品进行管理。活体标本将依据公园总体管理规划、《动物福利法案》和其他适用要求的规定进行管理。

在清查、监测、研究和考察项目中获得的野外数据、物体、标本和特征以及相关记录和报告，将长期由博物馆进行管理。未经授权进行消耗性分析的标本仍为联邦财产，并将根据适用法规进行标记并编入管理局编目系统。

二是除经法律特别授权情况外，禁止将公园自然资源用于商业目的。根据管理局科研采集许可证(包括后代、复制品或衍生物)采集的任何材料，仅可作为研究样本，且其研究结果只能用于科学目的，未经公园管理局附加书面授权不得用于商业目的。禁止采集者将采集的研究样本出售给第三方；研究标本仍为联邦财产。根据公园管理局的适用书面授权条款，样本和任何作为样本的材料可以因与商业用途相关的科学目的而借出。根据管理局科学研究和采集许可证进行的不涉及标本采集的其他研究成果，仅可用于科学目的，未经附加的书面授权，不得用于商业目的。

五、对我国的启示

一是明确界定自然资源类型。按照《宪法》和《自然资源统一确权登记办法(试行)》的要求，在矿藏、水流、森林、山岭、草原、荒地、滩涂等 7 类自然资源的基础上，结合当前我国国家公园体制试点进展及未来发展趋势，将自然资源具体分为 8 种：土地资源、矿产资源、水资源、森林资源、草原资源、海域海岛资源、地质遗迹资源、风景名胜资源，建立针对上述自然资源的动态监测、定期评估和预警预报机制等，同时兼顾动植物、空气、音景、光景等资源的管理。

二是逐步扩大国家公园自然资源资产管理体制试点范围。美国国家公园的自然资源有效管理，建立在产权明晰、责权分明、理念先进的基础上。中办国办近日印发的《关于统筹推进自然资源资产产权制度改革的指导意见》中明确要求，重点推进国家公园等各类自然保护地的自然资源确权登记工作，为此我国应在充分总结三江源和东北虎豹国家公园国有自然资源资产管理体制试点经验的基础上，在其他条件成熟的国家公园开展上述试点，明晰产权体系，建立确权登记系统，建立统一管理体制和责任追究制度，建立国家公园国土空间用途管制制度等，尝试制定《国家公园自然资源统一确权登记办法》《国家公园国土空间用途管制办法》《国家公园自然资源使用管理条例》等法规，实现对自然资源的依法依规使用、管理和问责追责等。

三是探索建立国家公园自然资源综合体地役权制度。地役权是法理学领域的一个术语，是使用他人不动产的非占有性权利。在《中华人民共和国物权法》中规定，“地役权人有权按照合同约定，利用他人的不动产，以提高自己的不动产的效益。”这种非占有性权利的本质，是对权利束的分离和部分转让。

保护地役权制度源起于美国。由于其不改变土地所有权、充分尊重合理的人地关系和供役地人的法定权利，及其强调细化保护需求下的补偿机制，可以对生态和景观上连续，因权属不一而造成破碎化的土地资源进行再统筹，实现高效的统一管理。从美国经验来看，保护地役权制度可以在两种情况下发挥其特有优势。一是在不改变土地所有权性质的前提下，为维持必须依赖人地共生的保护对象提供最优的保护管理决策，二是在资金约束下和土地所有权人无出让意愿的被动情况下提供双方妥协的方案，以限制部分权利的方式实现保护与发展的平衡。建议从相关法律的修改完善、配套体制机制的建设、资源利用行为边界的清晰界定、实施成效评估标准和正负反馈机制的建立等方面着手探索建立中国特色的国家公园保护地役权制度。

四是加强国土空间用途统一管制。自然资源集中统一高效管理的前提是国土空间用途的统一管制，其中最重要的应是落实生态红线，建立科学的功能分区，基于功能分区对自然资源实行分类管理。我国国家公园试点范围内人为干扰和利用程度较高，按最新要求，国家公园应全部划入生态红线，属于禁止开发区。因此先于国家公园存在的矿业权和其他开发项目，需逐步退出。严格限制园区内原住居民的活动，包括土地利用特别是建设用地等。

国家公园的功能分区科学区划，可结合实际取消传统利用区，只设核心保育区和一般控制区。核心保育区保护最重要的自然资源和最脆弱的生态系统，禁止任何干扰破坏。一般控制区作为外围缓冲区域，可以开展保护、监测、科研、宣教等活动，但禁止开展与上述内容无关的开发建设活动。现有与保护无关的设施要逐步迁出，同时建立用途专用变更许可制度。

实施基于功能分区的分类管理，主要根据土地及其承载的自然资源权属性质采取不同的管理措施。对核心保育区内集体所有的自然资源，可通过征收方式将集体土地转化为国有，后逐步实施移民搬迁、矿权退出等。无力征收土地或实施生态移民的，可签订自然资源综合体地役权协议。对一般控制区内集体所有的自然资源，应在统一确权登记的基础上，实行所有权、承包权、经营权三权分置，采用租赁、置换等方式，吸纳自然资源集体所有者参与国家公园的经营管理。

（摘译自：Management Policies 2006-National Park Service；编译整理：李想、陈雅如、赵金成；审定：李冰、周戡）

国外国家公园法律体系概述

依法管理国家公园已成为广泛的国际共识和成功经验。自 1916 年美国正式通过《国家公园管理局组织法》起，多国均结合自身实际制定并逐渐完善了国家公园相关法律，在完善国家公园管理体制，保护生态系统和生物多样性，促进自然资源合理利用等方面均起到了重要作用。

本文通过比较研究美国、德国、新西兰、日本等国的国家公园法律法规体系，以及在立法体系、管理体制、重要法律制度制定和执行等方面的经验和实践，总结不同法系下国家公园专门立法和相关法规在管理体制、土地权属、分区管理、特许经营、原住民权益保障方面形成的各有特色的法律法规机制，以期对推进我国国家公园立法和依法管理提供参考和借鉴。

一、国外主要国家国家公园立法情况

(一)美国

1. 法律体系基本概况

美国国家公园立法体系可分为国家公园管理局组织法、授权法、单行法和部门规章四个层次。1916 年，国家公园体系中最基本也是最重要的法律—《国家公园管理局组织法》由美国国会颁布，该法规定了美国国家公园管理局的基本职责。美国国家公园体系中的部门规章立法权限来源于该法：内政部长有权制定和公布其认为对国家公园管理局管辖下的公园、纪念地和保留地的利用和管理，有必要制定适当的规则和规章。

授权法指的是立法机关将其某项立法权授权或者委托行政部门或其他组织在授权范围内立法的决定或者决议。1872 年，美国国会授权、格兰特总统签署颁布了《黄石公园法》，这是美国的第一部授权法。授权性立法文件是美国国家公园体系中数量最多的法律文件，每个国家公园都有相应的授权立法文件，其形式是国会的成文法或美国总统令，这些立法文件对该国家公园单位的边界、重要性和其他适用于该国家公园单位的内容予以规定。其中，最著名的《黄石公园法》被引用最多。

美国国家公园的单行法在某些领域的地位十分重要，有力地填补了美国国家公园法律体系的立法空白，主要包括《原野法》《原生自然与风景河流法》《国家风景与历史游路法》。此外，于 1964 年通过的《荒野法》，作为适用于美国整个国家公园体系的成文法，它赋权给美国国会，使其有权命名联邦公有土地成为国家原野保护体系(National Wildness Preservation System)的一部分。1968 年开始实施的《原生自然与风景河流法》旨在建立一个系统，以保护那些著名的风景、体憩、地质、历史、文化、野生动物以及相似价值的河流，从而保持其自然状况。1968 年通过的《国家风景与历史游路法》，旨在形成国家风景游路网络。其后经美国国会修订，该法案加入了历史游路。

美国国家公园系统的管理亦受许多管理程序、要求和保护资源、环境等方面的法律约束。国会不仅有针对国家公园体系整体的立法，比如《国家公园综合管理法案》《国家公园管理局特许事业决议法案》《总管理法》《国家公园及娱乐法案》等，各州和各国家公园均有相关的法律文件，基本实现了“一园一法”，使国家公园的具体管理有法可依，违法必究。另外，美国国家公园管理局制定了关于自然资源、土地资源和历史资源保护以及土地使用特许权转让等明确的管理方针，这些管理方针包括了有关国家公园体系管理的立法和行政规定，对每个国家公园单位强制执行。局长令对管理方针手册进行不断更新，即美国国家公园在综合管理上一大显著特征是根据国家公园管理局局长令的要求予以细化，这就在具体实施环节订立了明确的参考依据，如《第 9 号局长令》规定了执法计划与执法行为守则，《第 20 号局长令》明确国家公园同其他机构如何签署书面协议的要求，《第 25 号局长令》规定了土地保护和土地获取代理授权等。

美国国家公园立法有 4 个鲜明的特点：立法早、立法层次高、体系完备(即形成了联邦法和“一园一法”的结构)、实施程度高。从 1872 年的《黄石国家公园法》，到《国家公园管理局组织法》(1916 年)、《历史纪念地保护法》(1964 年)、《国家公园系列管理法》(1998 年)等 60 多部法律、法案、政令等，内容从宏观指导层面到各种类型国家公园的管理制度等。《国家公园管理局组织法》作为美国国家公园主要法律依据之一，立法层次仅低于宪法。美国联邦政府、内政部、国家公园管理局关于国家公园的政策，大到发展目标及规划的确定，小到建设项目的审批和经营行为的规范，都是按照法律规定的程序来进行的。

2. 核心法律主要内容

美国国家公园的核心立法主要是《国家公园管理局组织法》及“一园一法”的授权法。《国家公园管理局组织法》规定在内政部设立管理国家公园的专门机构——国家公园管理局，授权该局局长“负责监督、管理和控制现存的下辖于内政部的国家公园、国家纪念地、阿肯色州热泉保护区以及此后由国会设立的其他国家公园和与之类似的保护区”。该法同时规定管理局的基本职责——“美国国家公园管理局应该根据如下基本目标，来改善和管制国家园、国家纪念地和其他保护地区……的利用：在保护风景资源、自然和历史资源、野生动物资源，并在保证子孙后代能够不受损害的欣赏上述资源的前提下，提供(当代人)欣赏上述资源的机会”。国家公园的种类随其体系的不断扩大而日趋多样化。最初只有国家公园”和“国家纪念地”两种类型，后来发展到“国家军事公园”“国家体困地”等 20 个类型。后加入的国家公园单位(Park Units)所取得的许多授权与 1916 年国家公园管理局基本法的精神相抵牾。因此，1970 年，美国国会修改了《国家公园管理局组织法》，修正案指出：“从 1872 年设立黄石国家公园后，国家公园体系不断扩大，包括了美国每个主要区域著名的自然、历史和体闲地区……这些地区虽然特征各异，但是由于目标和资源的内在关系被统一到一个国家公园体系之中，即它们任何一处都是作为一个完整的国家遗产的累积性表达……本修正案的目标，是将上述地区扩展到体系之中，而且明确适用于(国家公园)体系的权限”。

修正案还规定，每个国家公园单位在执行《国家公园管理局组织法》和各自的授权法的同时，也要执行其他针对国家公园体系的立法。1978 年，美国国会再次对基本法予以修改，指出：“授权的行为应该得到解释：应该根据最高公众价值和国家公园体系的完整性实施保护、管理和行政，不应损害建立这些国家公园单位时的价值和目标，除非这种行为得到了或应该得到国会直接和特别的许可”。这些修改的立法背景主要是在 20 世纪 70 年代中期，红杉树等国家公园面临着来自公园边界外围的资源破坏威胁，因此，为了增强内政部长保护公园资源的权力和国家公园体系的完整性(integrity)，国会采取了立法行动。

(二)德国

1. 法律体系基本概况

德国目前有 14 个国家公园，总面积超过 1 万公顷。从法律层级来看，德国国家公园立法体系基本形成了国家和地方两级结构，以联邦法律为基础，实现了“一区(州)一法”，并得到有力实施。国家层面最重要的国家公园法律是《联邦自然保护法》。该法只有 11 条，但内容极为丰富，较为详尽地列出了自然保护和景观管理的宗旨、原则、保护地划分类型以及各部门和州府自然保护与景观管理领域所要履行的义务和承担的职责。该法明确设立国家公园的目的是保护生态环境和野生生物、对民众宣传教育、开发旅游但不以营利为主要目的。此外，联邦层面的法律起到了辅助管理国家公园的作用，主要包括《联邦森林法》《联邦环境保护法》《联邦土壤保护法》《联邦狩猎法》等。

依照《联邦自然保护法》，各州根据自己的实际情况制定了国家公园建设和管理的法律，每州的国家公园法律都对各自国家公园的性质、功能、建立目的、管理机构、管理规模等有着具体的说明。如《科勒瓦爱德森国家公园法令》中明确指出国家公园的主要功能便是保护欧洲历史最悠久、面积最大、保存最为完整的榉树林生态系统。

2. 核心法律主要内容

《联邦自然保护法》第一条规定了自然保护与景观管理的宗旨："鉴于自然及其景观的自身价值，并作为人类及未来世代人的生存发展的基础。必须予以保护、开发和恢复，以保障自然资源的自然恢复力、自然生态系统的公共服务机能、动植物的生境以及前述自然和景观的多样、特色和优美及其对人类体闲的内在价值的可持续性。该法第二条规定了自然保护与最观管理的15条原则，大致可以分为三类：第一类是保护生态系统原则，第二类是注重自然和景观的体闲和教育及历史文化价值原则，第三类是注重公众参与原则。第一类原则包括保护生态系统功能、保护土壤野生动植物等作为生态系统组成部分的资源和项目建设应坚持对自然影响最小化原则。第二类原则内容主要为：保护非建设区域对于生态系统和体闲的价值，保障其属性和功能满足其目的；无须再开发的划定区域应恢复到自然状态；维护和开发景观的特色结构与元素。公众参与原则集中体现在原则的第十五条：采取适当措施推动对自然保护及景观管理任务和目标的认识与理解，在此过程中应与相关及感兴趣的公众及时交流信息。

该法第三条提出了一个新词汇：以保障本上动植物及其种群以及其栖息地、生物群落的可持续性，并保存、修复和发展生态机能的相互关系的"群落生境网络"。该网络覆盖德国国土面积10%以上，由核心区域、连接区域和连接单元组成，国家公园只是其中一部分。

该法第六条规定了行政机关的职责：确定了由自然保护和景观管理主管机关负责该法及属于该法框架和以该法为基础的法律条款的实施；在涉及或可能对自然保护与景观管理利益产生影响的公共规划或措施的筹备阶段，主管机关具有优先权；联邦承担制定规则来要求教育、培训及媒体告知受众自然与景观的意义、自然保护的任务等。

(三)新西兰

1. 法律体系基本概况

新西兰是英国女王统治下的普通法国家，其法律渊源有宪法、立法及先例几类。新西兰宪法为不成文宪法，由宪法性文件、宪法惯例、宪法判例组成。立法是新西兰法律的重要来源，新西兰议会负责通过法律议案；判例是新西兰的正式法律渊源，法院审判必须首先查找先例。

截至目前，新西兰已经建立了包括《国家公园法》《《资源管理法》《野生动物控制法》《海洋保护区法》《野生动物法》《自然保护区法》等法律法规在内的一个较为完整的国家公园保护和管理法律体系。其中位阶最高的是《保护法》，规定了保护的地位、部长权限、保护部职能、新西兰保护局和保护委员会的职能、政策与规划制定过程等。其他自然保护相关的法律《国家公园法》《保护地法》均服从于《保护法》。如国家公园与庇护区域有重合，则《国家公园法》(包括所有国家公园专门法)与《保护法》要同时适用。

新西兰国家公园管理所涉及的法律主要是立法、保护部(Department of Conservation)的总体政策、保护管理策略，以及其他相关法。另外，每个国家公园的具体管理工作全部制定在管理规划中。同时，毛利土地法院(Maori Land Court)和怀唐伊法庭(Waitangi Tribunal)的判例也需要一并遵守。

2. 核心法律主要内容

(1)《国家公园法》(*National Parks Act* 1980)　分为 8 个章节，共 80 条款。该法主要规定了国家公园的管理原则、设立标准及定义、国家公园土地的取得、由其他法律调整的土地、管理体制、总体政策、保护管理策略、利用规划、利用限制、资金、违法行为及法律责任。其立法宗旨包括：尽量维持国家公园原有自然状态，保护所有的本土动植物，保存历史文化遗迹，维护土壤、水、森林及其他受保护的区域；免费向公众开放，允许公众全方位地感受山川、森林、海岸、湖泊、河流和其他自然景观带来的种种益处，启迪心灵、宴飨美景、愉悦身心。该法规定了几个重要的制度，如分区利用、特许经营(concessions)等。

(2)《保护法》(*Conservation Act* 1987)　分为 8 个章节，共 65 个条款。《保护法》为了更好地保护新西兰自然与历史资源而设立了保护部，并将之前分属于五个不同机构的保护职能全部归于保护部之下。《保护法》划分了五类保护区域：特别保护区、边缘地带、管护区、保护区、行政管理区。其中特别保护区又进步细分为保护公园等。《保护法》设立了垂钓竞技委员会(Fish and Game Councils)，负责管理、加强、维护钓鱼比赛和娱乐性猎鸟活动，并代表垂钓者与猎鸟人的利益。委员会的职责根据国家公园相关法律规定可延伸至公园内行使。此外，公园内机动飞行器的起飞、盘旋、降落也需要遵守《保护法》的规定。

(四)日本

1. 法律体系基本概况

日本内阁环境省所确定的日本自然保护地域包括以下 3 类：国立公园、国定公园、都道府县自然公园。日本的国家公园是由自然公园中的国立公园和国定公园两部分构成。在涉及国家公园立法上，日本主要制定了如下法律：《自然公园法》(2003 年修订)和《自然公园法实施细则》，从国民保健、休养及教育的立场对风景地的保护和合理利用进行了严格管控；《自然环境保全法》以优美的自然环境为立法目的，对指定地域的开发利用行为予以一定的控制，着重于保护现有的已形成良好环境的地域；《都市绿地保全法》《首都近郊绿地保全法》《关于整备近畿圈保全区域的法律》《生产绿地法》对自然保护地领域的绿地开展的必要的自然保全活动进行规定；《关于鸟兽保护及狩猎法》和《控制特殊鸟类转让法》以野生鸟兽为保护对象，保护其繁殖和生物多样性的延续；其他诸如《森林法》《关于古都风土保存的特别措施法》《文化财产保护法》对国家公园中的森林、文化遗产、遗迹等进行保护。

关于日本国家公园立法体系，国内法层面，日本的国家公园立法已形成以《自然公园法》为基本法，以《自然环境保护法》及施行令和施行规则为核心，以《野生生物保护及狩猎控制法》《濒危野生动植物保存法》《自然恢复促进法》《自然再生推进法》《景观法》《生态旅游促进法》《规范遗传基因重组方面的生物多样性保护法》《鸟兽保护及狩猎合理化法》等法律为轴助，并颁布《自然环境保全基本方针》《国内特定物种事业中报相关部委令》《国际特定物种事业中报相关部委令》《特定未来物种生态系统危害防止相关法》《景观保护条例》《自然环境保护条例》等多项施行令和施行规则，构成较完善的国家公园法律体系。在国际法层面，日本签署了《生物多样性公约》《世界遗产公约》《湿地公约》等多项与国家公园治理有关的国际公约。从国际、国内两个层面对国家公园的自然生态保护与游憩等主要管理目标进行严格、细致的立法规范，为国家公园管理体制的运行和自然资源的保护提供了明确、细致的法律保障。

2. 核心法律主要内容

(1)《自然公园法》　目前，日本对国家公园保护与管理主要依据是2013年修订的《自然公园法》。该法由四部分构成，其主要内容包括：第一章总则；第二章国立公园与国定公园，该章分别就公园的指定、公园计划、公园事业、公园的保护与利用、生态系统维持与恢复、风景地保护协定、公园管理团体费用以及附则等做出了详细的规定；第三章为都道府县立自然公园；第四章为罚则。

第一章　总则指出了本法的目的是保护优美自然风景地前提下，增强对公园的利用，为国民提供可用于休息、教育、健身的场所；对自然公园、国立公园、国定公园等概念进行了定义；还规定了公园的责任主体包括国家、地方公共团体、企业经营者、公园利用者。2003年增加了国家和地方政府对生物多样性保护的内容。

第二章　是关于国立公园与国定公园的内容。国立公园和国定公园都由环境大臣在听取自然公园审议会的意见后指定，其解除和区域的变更也由环境大臣决定；公园计划的决定、废止和变更的主体都是环境大臣，并且在决定公园计划时需要将计划进行公示；国立公园和国定公园设施的建设等分别由环境大臣和都道府县知事决定，并进行公示。国家公园按照保护强度分为特别区域和普通区域两类。特别区域内建筑物的新建、扩建，树木的砍伐和矿物开采等行为需要环境大臣或都道府县知事的许可。普通区域管理相对宽松，只限制超过一定规模的设施建设和过度开采行为。

第三章　规定都道府县立自然公园由都道府县知事指定。在都道府县立公园属于自然公园体系的一部分，但不属于日本国家公园。第81条规定“国立公园、国定公园、原生自然环境保护区都不包含在都道府县立公园的范围内”。

第四章　罚则部分主要规定的是罚金与处罚，范围是10万~100万日元。受到最重处罚的情形是违反环境大臣风景地恢复原状的指令，将处以1年以下的拘役和100万日元以下的罚款。

(2)《自然环境保护法》　该法主要内容包括：总则、自然环境保护基本方针、原生自然环境保护区、自然环境保护区，罚则、都道府县自然环境保护区等。

第一章　总则部分指出本法的目的，是与《自然公园法》等法律相结合，推进自然环境的保护工作，确保现在以及将来国民健康与文明的生活。由于日本很多保护区内土地所有权属于私人，因此“在实施土地保全和公共利益调整措施时，必须尊重有关人员的所有权和财产权”，还规定了地方公共团体、企业经营者、国民都有责任协助国家保护自然环境。在自然环境保护区的管理制度方面，该章规定了“自然环境保护基础调查制度”，每5年对地形、地质、植物以及野生动物进行一次必要的基础调查。

第二章　自然环境保护基本方针，包括环境保护的基本规划、各类保护区的指定及其方针政策。环境大臣在听取自然环境审议会意见的基础上，可以根据保护需要，指定保护基本方针。

第三章　原生自然环境保护区规定。当某些区域需要避免人类活动影响，维持原始状态时，由环境大臣将其指定为需要特殊保护的原生自然环境保护区。在该区域内，禁止建筑、开垦土地、采矿、捕猎动物等一系列活动。

第四章　自然环境保护区规定。环境大臣将具有独特地理良好环境特征、有特别保护自然环境需要的区域指定为自然环境保护区。该区域根据需要又分为自然特别区、海中特别区、野生动植物保护区、普通区，不同区域对人为活动进行不同程度的限制。同时重视对当地居民权益的保障，“当适用有关自然环境保护区的规定时，应当关切该地区的居民的农林牧渔等生产稳定及提高其生活福利”。

第五章　罚则。主要规定执行费用的负担问题。规定主要按“原因者负担”和“受益者负担”两项原则来分配责任。如不缴纳费用，环境大臣或地方领导进行督促，并指定应缴纳的期限。逾期仍不缴纳，则可征收滞纳金，且滞纳金优先于执行费用。

二、对我国的启示

一是建立高层次的法律法规体系。国外的国家公园法律体系按级别由高到低大致可分为法律(Law 或 Act)、法规(Regulation)和规章(Principle)3 个层次。美国、德国、新西兰、日本等国国家公园法律位阶较高，均为法律(Law 或 Act)层级，制定了以“国家公园”命名的基本法。相比之下，当前我国涉及国家公园的《自然保护区条例》和《风景名胜区条例》位阶过低，不利于生态系统保护。因此，急需建立高位阶的国家公园法和自然保护地法等。

二是明晰自然资源权属，推进国土空间用途管制。国外经验表明，涉及国家公园的法律实质是一部“管理法”，其主要内容规定了国家公园设立、管理、保护和利用的基本原则、标准、职责权限、权利义务、法律责任等。我国的国家公园法中也应包含上述内容，其中自然资源管理是重要任务。因此，既要以已经出台的《民法总则》及正在编纂的《民法典物权编》建立的自然资源权属制度为依据，也要以各自然资源法建立的不同类型自然资源权属制度为基础，处理好登记确权、所有权与用益权、发展权与环境权之间的关系。对于土地权属问题，要通过立法实施国家公园区域内不同土地权属的分类保护，同时通过实施较为严格的国家公园国土空间用途管制制度，统一管理规划自然资源，避免不当使用破坏公园生态系统。

三是明确特许经营等资源有偿使用制度。除德国国家公园内不允许开展特许经营活动外，其他国家的国家公园法律法规中均对特许经营活动进行了规定。特许经营项目仅限于旅游和其他经营性项目，如餐饮、交通、购物、旅宿等，并对特许经营范围、引进方式、合作方式、期限、收入用途管理等有明确和较为成熟的限制性规定。资源有偿适用制度是明确资源管理和经营利用边界的重要制度，我国的国家公园法中应明确相关规定。同时应在地役权制度、生态修复制度、利益相关方参与制度、责任追究制度进行规定或探索。

四是妥善处理《国家公园法》与现行法律和拟出台法律的关系。国外经验显示，国家公园法律体系的有效运转需要核心法律与配套法律的有机衔接。因此我国在制定《国家公园法》的同时要做好与现行法律如《宪法》《环境保护法》《森林法》《土地法》《文物保护法》《水法》《野生动物保护法》《自然保护区条例》《风景名胜区条例》等的衔接与配合，使各个法律法规之间形成相互支撑的体系，共同服务于国家公园体制的建设。同时也要为今后可能出台的《自然保护地法》预留制度空间，统筹考虑两部法律之间的制度关系。

五是稳步推进"一园一法"。目前美国基本实行了"一园一法"，德国推行了"一区一法"，其他国家没有明显的相似特征。结合我国各地在生态系统状况、地理区位和经济社会条件等方面的差异，各国家公园可结合本园实际，制定实施细则，对《国家公园法》作出有针对性的补充、阐释和细化。各国家公园根据本"园"不同的保护目标、对象和面临威胁来制定纲领性的《总体规划》和执行性的《管理计划》，定位应为具有约束力的规范性文件，规定具体保护措施、资源利用范围等。在试点期间和《国家公园法》未出台之前，可尝试制定暂行管理条例规范约束各国家公园活动。

（摘译自：www. nps. gov/subjects/legal/national-park-service-laws-up-to-1933. htm、德国、新西兰、日本相关网站、《中国国家公园立法研究》等；编译整理：李想、陈雅如、赵金成、王砚时；审定：王月华、周戡）

澳大利亚海洋生态保护(一)

——海洋保护的主要举措

澳大利亚地处南半球，位于印度洋和南太平洋之间，四面环海，由澳大利亚大陆和塔斯马尼亚岛屿组成，面积 769. 2 万平方公里，是全球陆地面积排名第六的国家。澳大利亚是一个典型的海洋国家，海域管理面积达 1600 万平方公里，是其陆地国土面积的两倍多，居全球第三，大陆海岸线长达 3. 67 万公里，岛屿海岸线有 2. 38 万公里，相当于整个欧洲海岸线的长度。

一、澳大利亚海洋环境问题的产生

联合国在 1982 年通过了《联合国海洋法公约》(*United Nations Convention on the Law of the Sea*，以下简称《公约》)，对内水、领海、毗连区、专属经济区、大陆架、公海等重要概念做了界定。《公约》规定从领海基线开始向海上延伸 12 海里为领海、24 海里为毗连区、200 海里内为专属经济区、200 海里至 350 海里为大陆架(图 1)。该公约划分了各国的领海范围，规定了各国的法定权利，对当时全球各处的领海主权争端、海上天然资源管理、污染处理等具有重要的指导和裁决作用。澳大利亚于 1994 年 10 月正式批准加入了《公约》，成为公约缔约国。依据《公约》规定，澳大利亚共有 1600 万平方公里的海洋管辖区域，包括领海、毗连区、专属经济区和大陆架，广阔的海域使澳大利亚发展海洋产业和海洋经济具有独特的优势。

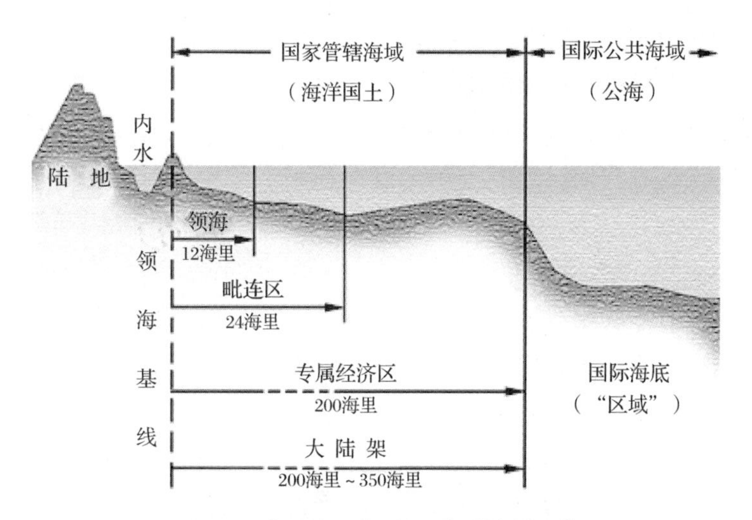

图1　《海洋法公约》关于海域的划分①

开发与保护一直是澳大利亚海洋战略的两个重要方面，因此，澳大利亚十分重视海洋产业的可持续发展，于1997年实施了《海洋产业发展战略》，提出发展海洋产业的前提条件是保护海洋环境，统一产业部门和政府管辖区内的海洋管理政策，并为规划和管理海洋资源、利用海洋的产业提供政策依据。同时，成立了澳大利亚海洋产业和科学理事会（AMISC）作为研究海洋产业的专门机构，负责制定海洋产业发展战略规划，为海洋产业绿色发展提出建议。

然而，2006年，澳大利亚的“肺鱼出逃”事件引起了广泛关注。一场风暴和巨浪摧毁了位于澳大利亚北部岛屿Tiwi岛的水产养殖农场即“海洋牧场”，造成数千条澳洲肺鱼逃脱，直接游入大海。肺鱼的结队出游数量巨大，会在很短时间内吃掉大量小鱼，甚至吃掉其他品种的野生澳洲肺鱼，对野生鱼类的生存造成严重威胁。该事件让澳大利亚意识到水产养殖业虽然提供就业，推动经济发展，但不完善的立法体系、不科学的产业发展区规划、不完备的环境影响评估等问题也潜在地威胁着周边的海洋环境。

二、澳大利亚海洋保护的主要举措

基于上述存在的问题，澳大利亚在海洋生态保护方面加强了管理，主要体现在以下几方面。

（一）明确权责，实施基于海洋生态系统完整性的综合管理

一是明确权责划分。澳大利亚是一个联邦制国家，从行政上划分了联邦、州和各领地之间的管理权限，因此权责划分是海洋管理与保护中的首要原则。澳大利亚于1979年颁布了《海岸和解书》，明确了州和领地的管辖范围是从海

---

①　图1来源于《联合国海洋法公约》。

岸向海延伸3海里。1994年签署的《公约》将领海范围从3海里扩展到12海里，但澳大利亚各州和领地的海域管辖范围依照《海岸和解书》维持不变，仍为3海里。澳大利亚联邦政府与各州、领地之间的海域管理权划分清晰，从而保证了联邦政府管控澳大利亚的大部分海域，奠定了其在海洋管理和生态保护中的优势地位，有利于加强不同海洋利用者之间的协调和海洋制度的统一。

二是出台海洋政策。为实现基于海洋生态系统的综合管理，1998年澳大利亚制定并正式通过了《澳大利亚海洋政策》，该政策由两部分组成，即澳大利亚海洋政策(Australia's Oceans Policy)和特定部门方案(Specific Sectoral Measures)。该政策赋予澳大利亚海洋管理部门七项综合职能[①]：①行使和保护澳大利亚在离岸地区的权利和管辖权，包括离岸资源；承担并履行澳大利亚在《联合国海洋法公约》、其他有关国际条约，以及澳大利亚签订的双边或多边协定中的国际义务；②了解和保护澳大利亚的海洋生物多样性，海洋环境及其资源，并确保海洋使用具有生态可持续性；③促进生态可持续发展和创造就业机会；④制定海洋综合规划和管理安排；⑤满足社会的需求和期望；⑥提高澳大利亚在海洋管理方面的专业知识和能力，以及技术和工程；⑦提高公众对海洋事务的认识和理解。

三是推进机构改革。澳大利亚在实施海洋政策的同时，通过合并或取消职责重复的部门、增强涉海部门的职责、成立国家部委间海洋委员会和国家海洋办公室等一系列措施，改变以往由各部门分别管理的状况，明确各政府部门及管理层次间的管理幅度和管理职责，重整优化了联邦政府的涉海部门，实现了多产业、跨部门的协作。多数联邦海洋保护地由隶属于澳大利亚环境和能源部的国家公园管理局海洋司(Marine Division)进行管理。

(二)注重立法，依法依规加强海洋管理与保护

澳大利亚依据法律法规，使联邦政府和州政府之间形成了分工明确、协作有力的海洋管理与保护格局。凡涉及外交、国防、移民、海关等海洋事务通常由联邦政府统一处理，其他的海洋事务则由州和领地政府管理。

1975年，澳大利亚出台了《大堡礁海洋公园法案》，对海洋公园内的活动进行监督，并规定了区域计划制度，通过对特殊地区实行高水平的生态保护以减少海洋资源开发利用的影响和冲突。而后，为了减少海洋倾废污染和人工鱼礁对海洋环境的危害，澳大利亚于1981年、1986年出台了《环境保护(海洋倾废)法案》及其修正案，对在海洋上故意装卸、倾倒和焚烧垃圾以及建立人工鱼礁的行为进行严格控制。澳大利亚正式加入《公约》后，加快了海

① 文阿婧. 21世纪的澳大利亚海洋战略研究[D]. 华中师范大学，2018.

洋立法速度。澳大利亚特别重视海洋生物多样性保护，分别于 1999 年和 2000 年制定了《环境保护和生物多样性法案》《环境保护和生物多样性法规则》，是澳大利亚政府在资源利用与环境保护领域的重要立法。前者规定了海洋生物多样性保育的基本原则和主要措施，同时明确要求在联邦层面按照 IUCN 关于海洋保护地分类的原则和标准进行海洋保护地的设立与管理；后者对如何适用 IUCN 海洋保护地原则和标准作出了补充规定。

目前，澳大利亚已建立了比较健全的海洋领域法律制度，除了加入有关国际条约和签订双边或多边协定外，约有 600 多部国内法律与海洋有关。这些法律包括海洋生物多样性保护、渔业水产、近岸石油和矿产、海洋环境污染、海洋旅游、海洋建设工程和其他工业、海洋运输、药业、生物技术和遗传资源、能源利用、自然和文化遗产等各个方面。

澳大利亚的海洋法律体系既包括了联邦政府立法，也包括州政府立法。澳大利亚联邦立法数量最大，主要由于联邦政府立法与其承担的海洋国际责任相协调（如渔业捕捞、海洋运输、污染控制、倾倒废弃物等方面），并且联邦立法为州和领地确定了标准。各州享有独立的立法权，可制定符合本州岛实际情况的海洋保护地立法。例如，新南威尔士州根据 1979 年《渔业与牡蛎修正法》建立水域保护地；北领地于 1988 年出台《渔业法》等对海洋保护地的建立和管理作出了相应规定；昆士兰州分别在 1976 年、1982 年出台了《渔业法》《昆士兰海洋公园法》等①。

（三）分区规划，构建六大海洋保护区体系

澳大利亚根据海洋的特性，将海洋区域划分为 12 个基本海洋生态系统区，其中 7 个系统区环绕着澳洲大陆，包括塔斯马尼亚州，4 个分布在太平洋、印度洋和南大西洋的澳大利亚海岛上，1 个分布在澳大利亚的南极领土上。以此为基础，澳大利亚于 2012 年 6 月，宣布正式启动全球最大的海洋生态保护网络计划，构建六大海洋生态保护网络体系，即珊瑚海海洋公园、北部海洋公园网络、西北海洋公园网络、东南海洋公园网络、西南海洋公园网络、温带东部海洋公园网络（表 1）。六大海洋生态保护网络体系环抱澳大利亚国土（图 2），增加了 230 万 km^2 的澳大利亚海洋保护地面积，使受保护的海洋总面积达到 310 万 km^2；海洋保护地数量从 27 个增至 60 个，覆盖澳大利亚 1/3 以上的水域。

---

① 秦天宝．澳大利亚保护地法律与实践述评［A］．2009 年全国环境资源法学研讨会（年会）论文集［C］．2009：6.

表 1　澳大利亚的六大海洋保护网络体系

海洋保护网络	海洋保护地	面积（万公顷）	海洋特性	主导产业
珊瑚海海洋公园	约 34 个暗礁和 56 个珊瑚礁和小岛	9900	热带浅水海洋生态系统	商业捕鱼和航运
北部海洋公园网络	8 个海洋公园	6300	以大面积的大陆架为主，伴有珊瑚礁，海洋峡谷等	航运与水产养殖
西北海洋公园网络	13 个海洋公园	10700	海水温度较高，盐分含量较低，座头鲸等鲸类物种丰富	港口活动与水产养殖
东南海洋公园网络	14 个海洋公园	3900	海底特征丰富，海洋花卉景观种类多样	商业运输，支持石油与天然气开采，开放海洋渔业
西南海洋公园网络	14 个国家公园	13000	以大陆架及深海平原为主	渔业（包括钓鱼、鱼类观赏等）
温带东部海洋公园网络	8 个海洋公园	14700	以大陆架及海底斜坡为主	旅游产业发达

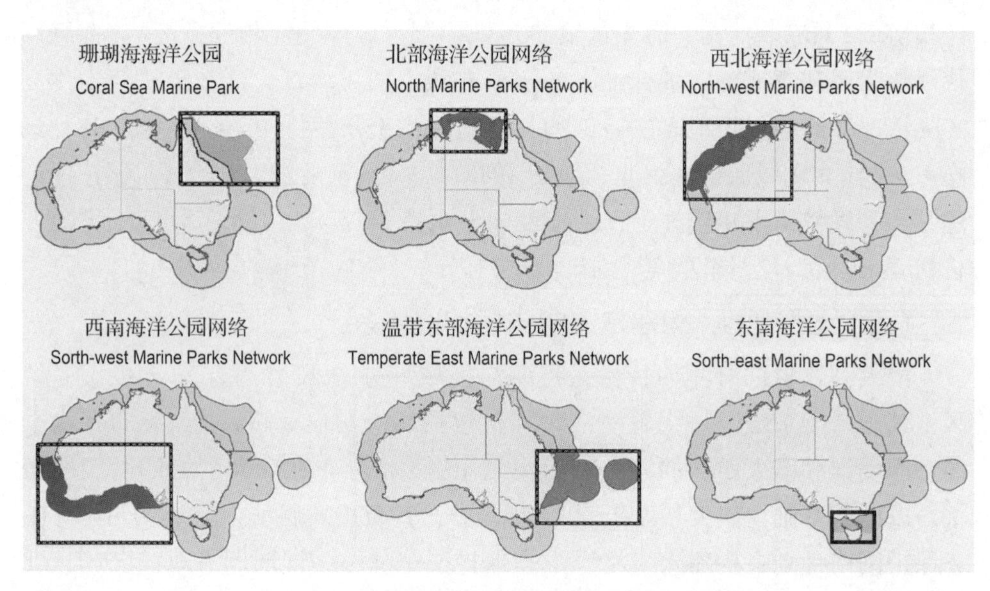

图 2　澳大利亚的六大海洋保护网络分布示意图①

依据《环境保护和生物多样性法案》的规定，国家公园管理局（Park Australia）必须制定每个海洋保护地的管理计划，以提供必要的保育措施，六大海洋保护网络的管理计划已于 2014 年 7 月起全部生效。管理计划中严格规定了在海洋保护地内进行的任何活动都需国家公园管理局的许可，管理局通过为海洋保护地网络的使用者颁发许可证来规范和管理各种活动。尽管建立海

① 图 2 来源于 Coral Sea Management Plan 2018；North Management Plan 2018；North West Management Plan 2018；South－east Network Management Plan 2013－23；South West Management Plan 2018；Temperate East Management Plan 2018

洋保护网络的主要目的是保护生物多样性，但在保护地网络的部分地区允许适度可持续地使用自然资源。因此，澳大利亚的六大海洋保护网络体系不仅包含了澳大利亚所有不同的海洋生态系统和栖息地，成为世界上最大的海洋保护区体系，同时也通过功能区划、分类管理等方式，实现了商业捕鱼影响的最小化。

(四)重视科研，实现海洋资源可持续利用与保护

制定海洋科技计划与战略框架，指导海洋科技发展。1999 年澳大利亚出台了“澳大利亚海洋科技计划”，2009 年出台了“海洋研究与创新战略框架”，旨在建立更统一协调的国家海洋研究与开发网络，将参与海洋研究、开发、保护及创新活动的所有部门协调起来，包括政府部门、研究机构及海洋企业等。澳大利亚主要的研究机构包括联邦科学与工业研究组织(CSIRO)、澳大利亚海洋科学研究所(AIMS)等。近年来，CSIRO 针对国家重大科研目标，联合澳大利亚其他优秀的研究机构、企业和一些国际合作伙伴，启动了 9 个国家旗舰研究计划，开展跨学科、跨部门的强强联合。AIMS 创建于 1972 年，其宗旨是通过对海洋科学理论和应用技术的研究和创新，实现海洋资源的可持续利用和海洋环境的管理和保护，为政府决策和相关用户提供信息服务和技术支持。AIMS 一直处于世界顶尖的 1%研究所中，研究重点在热带海洋科学，包括热带海洋的生物种群及海洋环境等。

澳大利亚海洋科技研究取得了丰硕的成果，包括建立了海洋综合观测系统(IMOS)，开发了世界上最好的海洋生态系统模型，发现了可能影响澳大利亚气候的海洋气温变化规律，绘制了世界第一张海底矿物资源分布图，建立了海洋渔业捕捞战略、海洋天气预报系统、保护海上大型工程的模型，开发海洋生物技术生产天然药品等。

但是也存在一些问题，在 2013 年发布的《海洋国家 2025：海洋科学支持澳大利亚蓝色经济》报告中指出：澳大利亚海洋科研还在以下方面存在短板：主权、安全和自然灾害，能源安全，食品安全，保护生物多样性和生态系统健康，应对气候变化，最优资源配置等。

三、对我国的启示

《联合国海洋法公约》、《生物多样性公约》等国际公约的实施对我国的海洋保护事业起到了巨大推动作用，但国际社会对中国在环境保护上的期望和中国所面临的经济发展需要是一对不可避免的矛盾。海洋生态环境保护既是我国的国际责任，也是国家可持续发展的需要。因此，我国要借鉴澳大利亚在海洋保护方面的实践与经验，从国家层面制定一个综合性的海洋战略，完善海洋生态环境保护的法律体系，完善海洋综合管理体制，对各类海洋经济

活动、海洋环境保护、海洋执法进行统筹规划，建立海洋资源开发与利用的经济和环境影响评价制度，加大对海洋保护的资金、科技和人员投入，广泛宣传保护海洋的重要性，培养健全国民的海洋意识。

（摘译自：Australia's Oceans Policy；Coral Sea Management Plan 2018；North Management Plan 2018；North West Management Plan 2018；South-east Network Management Plan 2013-23；South West Management Plan 2018；Temperate East Management Plan 2018 等；编译整理：陈雅如、李想、赵金成、王砚时、张佳楠；审定：王月华、周戡）

澳大利亚海洋生态保护(二)

——海洋分区规划与保护网络构建

海洋分区规划是以海域的自然和社会属性分异规律为基础，将其划分为不同的海洋功能空间单元，目的是解决人海矛盾冲突，应对海洋生态环境问题，维护海洋可持续发展。澳大利亚非常重视海洋分区规划，并将其作为海洋保护与管理的一项重要举措。相似地，海洋功能区划作为我国海洋综合管理核心政策工具，为各行业发展用海项目给予指导并做了相应规定，也为政府实行海域的监督管理提供了法律和政策依据，为我国改善海洋生态环境、更好地发展海洋经济发挥着重要作用。

一、澳大利亚海洋区划与保护网络构建

早在 1983 年，澳大利亚将大堡礁海洋公园作为海洋分区规划示范区，开始对海洋区划进行探索与实践，经过不断的发展与完善，目前已形成了统一的海洋保护区划分级体系。该发展过程可分为三个阶段：

一是采用世界自然保护联盟(IUCN)的自然保护地分类体系阶段。1983 至 1997 年，澳大利亚把保护生物多样性和有效保护海洋作为建立海洋保护区的关键内容，海洋保护区的类型包括珊瑚礁、海草床、泻湖、沼泽、红树林等重要海洋生境，以及沉船、考古遗址、深海海床等自然文化遗产。此时，澳大利亚自然保护地以面积较大的多用途海洋保护区和面积较小的栖息地与物种管理区为主，前者主要为第 VI 类自然资源可持续利用自然保护地和第 II 类国家公园，以生态系统保护、生物多样性和资源可持续利用为主要目标，兼顾娱乐和捕捞活动；后者则多为第 IV 类栖息地/物种管理区，进行栖息地保护与特定海洋物种恢复，允许适度的旅游观光活动。真正禁止任何开发活

动的第Ⅰ类严格自然保护地数量较少，且多为人迹罕至的偏僻原始海域（表1）。

表1 澳大利亚海洋保护区类型①

ICUN 分类	保留区数量（个）	管理区数量（个）	面积（万公顷）
Ia（严格的自然保护地）	12	12	1519.3
Ib（荒野保护地）	2	2	0.02
II（国家公园）	20	32	214.0
III（自然文化遗迹或地貌）	0	0	0
IV（栖息地/物种管理区）	106	108	1204.6
V（陆地/海洋景观自然保护地）	0	0	0
VI（自然资源可持续利用保护地）	38	39	3523.6
合计	178	199	6461.5

注：①保留区指除历史沉船地外的所有海洋保护区；
②管理区为保留区中的管理单位，一个保留区可能包括2个以上管理区。

二是在IUCN的分类基础上进行分类体系的整合优化阶段。1998年，澳大利亚开始构建国家海洋保护区代表系统（National Representative System of Marine Protected Areas，简称NRSMPA），以保护区的栖息地代表性为基础，制定新的海洋保护区划。1999年，澳大利亚开始进行生物多样性保护空间规划，制定了《环境保护和生物多样性法案》（*Environment Protection and Biodiversity Conservation Act*，简称EPBC法案）与《环境保护和生物多样性法规则》（EPBC Regulations），对区域内生物多样性保护进行探讨。澳大利亚于2004年制定了统一的海洋保护区划分级体系。

三是构建海洋保护区网络进一步明确分区体系与规则阶段。2012年6月，澳大利亚宣布正式启动全球最大的海洋保护区计划，构建六大海洋保护区网络（珊瑚海海洋保护区、北部海洋网络、西北海洋网络、东南海洋网络、西南海洋网络、温带东部海洋网络），海洋保护地面积增加230万km^2，达到310万km^2，覆盖澳大利亚1/3以上水域。根据EPBC法案规定，各国家公园管理局必须在海洋公园管理计划中明确公园分区。海洋保护地分区体系在参考IUCN自然保护地分类体系的基础上，通过广泛征求各利益相关方的意见与建议，遵循海洋生态系统特点与功能定位，因地制宜进行分区规划，最终确定为一级4类二级6类的分区体系（表2），广泛分布于各海洋公园网络中。

① 数据来源：刘洪滨．海洋保护区——概念与应用．海洋出版社，2007年．

表 2　澳大利亚海洋公园分区体系

IUCN 类别（一级）	分区名称（二级）	区域特点	珊瑚海	北部	西北	东南	西南	温带东部
Ia	严格的自然保护区	拥有一些突出的或有代表性的生态系统、地质或自然景色和物种的陆地或海域，主要用于进行科学研究和监测			√	√		
II	国家公园区	主要为保护生态系统和娱乐而管理的区域，以达到保护各类生态系统的生态完整性，排除不利于它的开拓和占有，提供科学、教育、精神修养、娱乐和旅游。所有这些活动都必需与环境和文化方面相协调	√	√	√	√	√	√
IV	休闲娱乐区	主要为了景观/海景管护和娱乐而管理的区域。长期以来，由于人和自然相互影响产生具有重要意义的美学、文化和生态价值，并具有丰富生物多样性的陆地、海岸和海域			√	√		√
	栖息地保护区	主要通过管理途径进行管护的区域。按照管理的目的和要求进行积极干预，以保持栖息地来满足特殊物种要求的陆地或海域。其中还包括礁类保护区与红珊瑚保护区	√	√	√	√	√	√
VI	多功能区	主要提供对生态进行可持续利用并对生态系统、栖息地和本地物种进行保护		√	√	√	√	√
	特殊用途区	主要为自然生态系统持续利用而管理的区域，包括大面积未经改变的自然生态系统区域，通过管理保证生物多样性长期的管护和保持，同时提供自然产品和环境效益的持续流动，以满足社区的要求。其中还包括非矿区、捕鱼区与诺福克岛区	√	√	√	√	√	√

二、澳大利亚海洋区划的许可活动

澳大利亚海洋保护区在保护生物多样性的同时，也兼顾个人与商业利益，在保护生态优先的基础上，充分发挥海洋的多重功能。依据法律，澳大利亚国家公园管理局是实施行政管理和控制所有联邦保护区的法定权力机构，其职能包括对联邦保护区内生物多样性和遗产的保护及经营休闲活动的许可管理等。在不同类别的区域内，可进行的活动不同。在许可申请中，主要包括五类活动：

一是科学研究活动。科研活动是了解、保护海洋环境及海洋资源的前提条件。如果科研人员想在海洋公园范围内进行科学研究，则需要在澳大利亚海洋公园官方网站进行审批申请（permit），类别主要涵盖生态系统、生物群落、栖息地变化与生态过程等方向。所有区域均允许进行科学研究。如果项目中存在商业化，则需要进行许可证申请（licence）。

二是休闲游憩活动。除了受到严格保护的国家海洋公园区域，休闲垂钓作为一种重要的休闲娱乐活动，可在海洋保护区的所有区域内进行。在实际执行中，澳大利亚三分之二的海洋保护区对休闲垂钓开放。除挖掘或采集海洋资源(如潜水、潜泳、观鲸和水下摄像)等以外，海洋保护区内的所有地区都可开展旅游活动，但要进行潜水、潜泳、观鲸和水下摄像等，需申请许可证。

三是资源开采活动。海洋保护区对于石油勘探和采矿等的要求非常严格，在国家海洋公园区域内的绝大多数地区，以上活动都被严格限制，在允许采矿作业的地区，有关公司必须获得国家公园管理局签发的特许证(class approval)。

四是港口与开发活动。海运船只可通过海洋保护区网络的所有区域，与港口作业和开发相关的活动，包括维护性疏浚和倾倒泥土浆，可以在多功能区的范围内实施，但必须按照相关法律进行风险评估和有关政府部门签发特许证。

五是商业捕鱼、养殖。除了严格的自然保护区与国家公园区，商业捕鱼可以在任何区域内进行，但需要捕鱼特许证，且渔船需安装报警系统。报警系统可以通过卫星定位判断渔船位置，当渔船即将进入禁止区域时，系统会通过邮件、电话等多种途径对渔船进行提醒，使之远离禁止区域。由于加强海洋保护的措施影响了部分人的生计，澳大利亚还推出一项渔场调整援助计划，旨在弥补由于新联邦海洋保护区的实施给商业渔民和渔场带来的损失。水产养殖可以在多功能区、栖息地保护区与特殊用途区申请许可证后进行，海产品生产可以提供大量的就业机会，促进区域经济的发展。

三、我国海洋区划的发展现状

我国的海洋区划主要指海洋功能区划，即对海域按照功能进行划分。按照《海洋功能区划技术导则》(GB/T 17108-2006)规定，海洋功能区划指考虑了海洋的自身自然因素、所拥有的资源情况、海洋环境的现状及所处的位置及周边环境，综合各种因素，选择最具优势的功能作为这一区域的主导功能的过程。

目前，我国已进行了四次海洋功能区划：第一次是1989年开始进行的小比例尺的全国海洋功能区划，采用了五类三级的区划分类体系。第二次从1998年开始，使用大比例尺进行海洋功能区划，采用五类四级分类体系。随着海洋经济的快速发展，原有区划已经不能适应不断出现的新涉海行业的发展。第三次全国海洋功能区划于2002年启动，采用十类二级的分类体系。现行的《全国海洋功能区划(2011—2020年)》是第四次编制的海洋功能区划，采用八类二级分类体系，其中一级类海洋基本功能区包括：农渔业区、港口航运区、工业与城镇建设区、矿产与能源区、旅游娱乐区、海洋保护区、特殊利用区、保留区；海洋保护区的二级类包括海洋自然保护区、海洋特别保护区。此外，海洋保护区又进行分级分类管理(表3)。

表3　我国海洋保护区分类体系

一级类别	二级类别/类型	三级类别/具体内容
海洋自然保护区	海洋和海岸自然生态系统	河口生态系统、潮间带生态系统、盐沼(咸水、半咸水)生态系统、红树林生态系统、海湾生态系统、海草床生态系统、珊瑚礁生态系统、上升流生态系统、大陆架生态系统、岛屿生态系统
	海洋生物物种	海洋珍稀、濒危生物物种，海洋经济生物物种
	海洋自然遗迹和非生物资源	海洋地质遗迹、海洋古生物遗迹、海洋自然景观、海洋非生物资源
海洋特别保护区	海洋特殊地理条件保护区	具有重要海洋权益价值、特殊海洋水文动力条件的海域和海岛
	海洋生态保护区	珍稀濒危物种自然分布区、典型生态系统集中分布区及其他生态敏感脆弱区或生态修复区，建以保护海洋生物多样性和生态系统服务功能
	海洋公园	特殊海洋生态景观、历史文化遗迹、独特地质地貌景观及其周边海域，建以保护海洋生态与历史文化价值，发挥其生态旅游功能
	海洋资源保护区	重要海洋生物资源、矿产资源、油气资源及海洋能等资源开发预留区域、海洋生态产业区及各类海洋资源开发协调区，建以促进海洋资源可持续利用

海洋自然保护区是指以海洋自然环境和资源保护为目的，依法把包括保护对象在内的一定面积的海岸、河口、岛屿、湿地或海域划分出来，进行特殊保护和管理的区域。海洋特别保护区是指具有特殊地理条件、生态系统、生物与非生物资源及海洋开发利用特殊要求，需要采取有效的保护措施和科学的开发方式进行特殊管理的区域。通常情况下，海洋自然保护区的保护等级高于海洋特别保护区。目前，我国已建立各类各级海洋保护地共271处，包括国家级106处以及地方级165处，海洋自然保护区160处以及海洋特别保护区111处，总面积达12.4万平方公里。

四、对我国海洋分区规划的几点启示

(一)完善保护对象的监测与评估体系

基于保护对象的监测与评估是海洋分区规划的重要基础工作。以大堡礁海洋公园的监测和评估研究为例，其监测指标体系包括了海洋生态、经济、社会和规划实施效果等方面共50多项指标，根据获取的监测数据对规划的实施情况进行评估，分析规划是否合理、海洋生态保护成效是否与预期效果相一致，并以此为依据对海洋空间规划存在的问题进行改进和完善。

目前，我国对海洋物种多样性的调查研究还远远不够，已有的海洋保护区监测工作缺少完整的生物物种组成、准确名录与分布记录，家底不清。因此，要完善基于保护对象的监测与评估体系，构建区划评价指标体系，并建立区划监测与评估制度，通过法律的形式，提高监测与评价的标准化、规范化，保证监测评估制度的有效实施。

(二)优化各利益相关方全过程参与机制

多元主体参与是海洋区划的必然要求。通过参与海洋区划，各利益相关方不仅能够表达自己的利益诉求，减少利益矛盾冲突，并且能够减少决策风险，促进海洋区划过程与结果的民主、公平与合理。澳大利亚海洋保护区网络计划草案，以及各海洋保护网络的管理计划草案须在国家公园管理局的政府公告上予以公布，征集公众评议并建立评议论坛。在评议期内，国家公园管理局共收到了近 8 万份评议。此外，各海洋保护网络管理计划自实施起，还要经过基础期、修正期、审查期近十年的更新完善周期，在此期间，公众评议全过程参与。

因此，应建立海洋区划多元主体参与机制，保证充分的公众参与，各利益相关方(包括专家、社会团体、私营企业和公众等)应参与到海洋区划的各个环节、各个阶段。同时，健全海洋生态补偿机制，通过机制创新增强海洋保护工作合力，有效调整生态环境保护和海洋资源开发利用相关各方之间的利益关系。

(三)逐步形成海洋保护区网络

澳大利亚构建的海洋生态保护网络环抱整个澳洲大陆，包含了所有不同的海洋生态系统和栖息地。目前，我国的海洋区划以经济导向为主，而非生态导向，因此，需要明确“生态优先”的海洋区划首要原则，通过建立海洋保护区，增加海洋保护区数量，形成海洋保护区网络，并构建海洋保护区廊道，将重要的产卵场、索饵场和洄游通道列入海洋自然保护区范围，逐步扩大海洋保护区的面积和比例。此外，我国海岛众多、生态脆弱，许多海岛尤其是无居民海岛迫切需要保护，亟需扩大海岛自然保护区的数量，改善海岛生态系统的脆弱性，加强对海岛的保护。同时，要严格控制进入海洋保护区的人类活动，建立不同等级的海洋保护区生产经营行为许可，严格控制海洋开发活动。

(摘译自：Environment Protection and Biodiversity Conservation Act; Environment Protection and Biodiversity Conservation Regulations; Australia’s Oceans Policy; Coral Sea Management Plan 2018; North Management Plan 2018; North West Management Plan 2018; South-east Network Management Plan 2013-23; South West Management Plan 2018; Temperate East Management Plan 2018 等；编译整理：陈雅如、李想、赵金成、王砚时、张佳楠；审定：李冰、王月华、周戡)

南美洲"南锥体"国家海洋保护最新进展

海洋健康事关地球上的所有生命，几乎所有海洋的日光区都生活着浮游植物，制造了全球约一半的氧气。沿海生态系统每年从空气中吸收二氧化碳的速度一般在每公顷 12.5~8 吨之间，比成熟热带森林的净速度快几倍。但海洋面积正在缩小，主要原因是人类活动，人类对海洋进行过度开发，发展、人口膨胀和气候变化等因素影响了生物多样性及其所依赖的系统，建立海洋保护区迫在眉睫。

海洋保护地被认为是保护海洋健康，应对过度捕捞、污染以及酸化影响的关键工具，能同时带来生态效益和经济收益，也有利于受影响区域的资源恢复。海洋保护地是为了保护而划定、规范和管理的地理区域，通过保护生态系统、保障海洋生物的繁殖，为生物多样性提供庇护。这些区域同时也为人类研究正在承受气候变化和人类活动影响的海洋创造了条件。其中，海洋保育区是海洋保护地中管理等级最高的一种，禁止一切采矿、挖掘和捕捞活动。这种保护区可以通过保护生物多样性、增强生态系统复原力、支持渔业生产力以及保护海洋传统文化来让海洋恢复健康。截至 2017 年底，全球有 30 个海洋保护地，分布在 14 个国家，总面积 2130 万平方公里，约占全球海洋面积的 6%。

一、基本概况

海洋面积占地球表面积的五分之四，对人类生存至关重要，但也面临着严重危机。过去 30 年，印度尼西亚将 40%的沿海红树林变成了虾塘，使数千公里的海岸线暴露在风暴潮和致命的海啸之下。20 世纪的最后 25 年，英国泰晤士河口五分之一的盐沼消失了，数百万吨的碳流失到空气中。面对升温的海水和海胆的入侵，美国加利福尼亚州的海藻林正在崩溃。

世界亟需一个"海洋可持续发展目标"。建立海洋保护地是保护海洋、管理海洋的重要措施。管理管的不是自然，而是人。目前，拉美地区海洋保护地(即受到管理和保护的海域)的面积正在增加，已经覆盖该区域 8.4%的海域，这大部分要归功于阿根廷、智利、乌拉圭和巴拉圭这几个南美洲"南锥体"国家。

二、南锥体国家海洋保护地建设进展

(一)智利

智利在建立海洋保护地方面走在了世界的前列。进入 21 世纪后，智利正开始感受到过度捕捞的压力，不受管制的捕鱼活动肆虐数十年，鱼类资源因此减少。政府将海洋保护区视为恢复鱼类种群的一种方式，并开始与科学家、社区以及非政府组织合作，快速扩大受保护海域的面积。2017 年 9 月，智利宣布将新建拉帕努伊、胡安・费尔南德斯和合恩角三大海洋保护地。目前智利共有 25 个海洋保护地，占其领海面积的 44%。2010 年以来，智利海洋保护面积已经从 46.3 万平方公里增至 130 多万平方公里，海洋保护区面积已超过智利陆地领土面积。

智利的海洋保护地主要分为四类：海洋公园、海洋保育区(这两种基本上是水生保护区)、自然庇护所和海洋及沿海地区(这里可以开展捕鱼、旅游等一些受管制的活动)。以上四种保护地由智利环境部管理，受智利海军保护。

最新也是最重要的措施之一是去年签署的一项法律，将三个重要地区纳入保护范畴。其中最大的拉帕努伊海洋保护区面积超过 72 万平方公里。该保护区内禁止一切工业捕鱼和采矿活动，但传统捕鱼仍可继续。这是世界上为数不多的由原住民投票确定范围和保护水平的海洋保护区之一。第二个是超过 26 万平方公里的胡安・费尔南德斯群岛保护区，该保护区内禁止一切活动。排名第三的是位于智利最南端的迭戈・拉米雷斯保护区。该保护区面积 5.56 万平方公里，拥有南极以外所剩无几的完整生态系统。

几年前，智利人还认为海洋就是指海滩那一块，没有人会看得更远。现在情况已经变了，人们与海洋资源之间的关系也不同了。

专栏-1　　智利龙虾岛的保护与管理经验①

安・费尔南德斯群岛是智利南太平洋上的一个火山岛群岛。居民大部分集中在坎伯兰湾鲁宾逊村。岛上居民靠捕捞一种岩龙虾(*Jasus frontalis*)为生。1914 年，很多工业渔船来到岛上，新建的罐头企业看中了这里丰富的龙虾资源，打算靠生产龙虾罐头大赚一笔。但是 200 多年来一直在这里进行可持续捕鱼作业的岛民们却发现，龙虾的储量和他们的维生之本在快速消亡。后来他们制定了一系列规定，先从自己人开始执行：一是禁止捕捞带卵母龙虾；二是禁止捕捞尺寸不达标的龙虾；三是在为期四个月的

---

① Isabel Hilton. Sustainable fishing on Lobster island

繁殖期内禁止捕捞；四是只允许使用他们传统的木制捕捞工具。随后，智利政府于1935年颁布了一项法令，岛民自己制定的这些规则正式具有了法律效力。

2017年10月，智利政府宣布将扩大两个海洋保护地，一个在好望角附近，另一个在胡安·费尔南德斯群岛周边。2018年2月宣布建立更多的海洋保护地。这样一来，海洋保护地的总面积超过了140万平方公里，占智利领海面积的42%。而四年前，这个数字仅为4%。

2018年3月初在墨西哥举行的"全球海洋峰会"上，智利与加拿大、厄瓜多尔和墨西哥等国共同宣布将进一步沿着美洲大陆的海岸线，建立一个由北极延伸到南极的海洋保护地。瓦尔帕莱索选区的参议员里卡多·拉戈斯·韦伯在峰会中表示，要说服智利人将资源投入小岛的海洋环境保护中，并非一件易事。发展中国家的政治家们需要在海洋保护与贫穷、住房、卫生和犯罪等亟待解决的社会问题之间作出政治权衡。根据国际劳工组织(ILO)第169号公约的规定，政府必须就岛屿周围建立海洋保护地的问题征求岛上社区的意见，必须询问他们是否想要建立海洋保护地；他们需要什么样的保护区？哪些年份可以捕鱼？进行哪种类型的捕鱼作业？

查莫洛岛周围的海域具有独特的生物多样性，但若不是岛上居民保护了这些物种，今天就不会存在岩龙虾了。1914年全球的思维模式认为海洋资源是取之不尽的，可以随意索取。但该岛的祖先具有远见卓识，他们明白这是不可能的。这是他们与全球渔业的不同之处。

岩龙虾只在这个岛周围的水域中活动，不会到大陆或是太平洋。他们只生活在距海岸大约3000米、最大深度160米的海域内。智利人既不用网，也不捕捞其他种类的鱼，尽管法律允许手工捕捞。他们达成共识，不会对其他渔业资源进行商业开发，因为靠龙虾已经可以为生。

长期注重环境保护给这个小社区留下的是富足的生活。他们的生活质量非常高、有书、有互联网，生活轻松惬意。一年中有八个月的时间捕鱼，但工作强度并不高。周一撒网，周三再来把龙虾捞上来，或许周五再来重复一遍。所以一年中实际工作时间只有三个月左右。

智利有一种"海洋可持续发展"的海洋文化，却没有商业的贪婪。这种价值观曾是太平洋地区的人们所共有的。在全球商业市场到来之前，太平洋所有的岛屿，走的都是自给自足的可持续发展道路。如今岛民们仍在保护着自己的生活方式以及他们赖以生存的龙虾资源。根据2006年颁布的移民法案，人们可以进入岛屿，但只能停留三个月。这项法案将胡安·费尔南德斯群岛和加拉帕戈斯群岛立为特区。两年后，为保护其独特的生物多样性，智利议会禁止在圣胡安费尔南德斯群岛附近进行商业捕鱼作业。

在龙虾岛不远处有一个海军基地，智利政府要求所有的船只都配备船舶自动识别系统(AIS)，这样就很容易识别附近的外来的船只，包括智利船只在内。智利总统承诺要为这一海域配备相应的资源，包括海军和两架大型空中巡逻无人机。

除了打击非法捕鱼作业外，岛上居民还关心如何将岛上独特的文化传授给下一代。学校里有生态学和渔业方面的讲习班。龙虾岛99%的鱼类资源都是区域性的，是属于全世界的独特宝藏。失去它们将是一场灾难。即便只是一个物种消失，对整个地球来说都是一场悲剧。智利政府希望世界上所有的孩子都能清楚这一点。

挑战依然存在，大多数海洋保护地都位于离岸海域，海岸附近的仅占1%~2%。专家们一致认为，接下来的任务是确定有价值的区域，与社区开展合作，同时力求不影响传统个体渔民。

智利海洋公园具有很高的科学价值，因为它不仅能保护美洲最南端的群岛，还能保护和研究那些几乎尚未勘探的海底山脉，人类在这些海底山脉中发现了存世12500年之久的珊瑚种类——这是研究气候变化的关键资料。

麦哲伦海峡和智利南极地区新成立的合恩角海洋公园是全球位置最南的海洋保护地，被认为是监测气候和生物变化的绝佳之地。该地区曾被纳入国家和国际长期生态研究点网络，因此在2005年，联合国教科文组织宣布比格尔海峡和合恩角之间的整块区域为世界生物圈保护区。

智利南端的迭戈·拉米雷斯-德雷克海峡公园已经成为各类稀有海洋物种及其栖息地的保护伞。这个公园2018年获批，2019年3月刚刚开始生效。这里将成为美洲最南端的公园，为濒临灭绝的企鹅、信天翁和鲸鱼提供总面积14.439万平方公里的避难所，同时保护该地区重要的海床结构。

(二)阿根廷

阿根廷近年来采取重大举措扩大海洋保护地网络。目前海洋保护地的面积占其领海面积的9.5%，并且即将实现联合国2020年的目标。

去年之前，该国受到保护的海洋面积还不到其领海面积的3%，不仅面积小，而且都位于沿海海域。唯一的离岸保护区是2013年建立的纳姆库拉-博尔伍德海滩一号保护区。

2018年12月，参议院通过一项法案，设立了两个新的海洋保护地，从而使受保护的海洋面积增加了两倍。这两个保护地分别是纳姆库拉-博尔伍德海滩二号保护区和亚加内斯保护区，二者都位于阿根廷的专属水域。

保护地是与社会各方长期合作后得出的结果。为了保障生态系统的功能性，阿根廷政府确定了九处应受到保护的大区域，两个新的海洋保护地是其中的一部分。

亚加内斯面积近6.9万平方公里，将分为三个区，禁止除海底科学研究外的所有活动，只允许在离陆地较近的区域捕鱼。

纳姆库拉面积超过3.2万平方公里，将分为两个区，西部允许以可持续的方式开展捕鱼活动，东部则禁止除科学研究外的一切活动。

这项法律不仅设立了新的海洋保护地，还规定由国家公园管理局负责保护地的管理，并由海军负责执法。之前阿根廷政府并未设立专门的管理机构，此举加强了国家对海洋保护地的控制和主权。

阿根廷现在有专门负责管理海洋保护地的机构，这确保了对非法捕鱼和采矿活动进行充分的控制，同时也为新建保护区提供了机会。

(三)乌拉圭

拉普拉塔河对岸的乌拉圭可能很快就能跟上阿根廷的步伐。在当地环境组织发起了一场运动之后，该国也开始扩大本国的海洋保护地网络。

乌拉圭目前有八个海洋保护地，不到全国海域面积的1%。这些保护地由住房、领土和环境部下属的国家保护区系统负责管理。

包括罗查泻湖在内的所有海洋保护区都位于沿海或内陆。非政府组织称这些保护区不能代表该国的海洋生态系统，并提议设立一系列离岸海洋保护区。

目前乌拉圭的保护地甚至没有一个统一的工作规划，而且没有社区的参与，如果乌拉圭推进新的离岸保护地，就将覆盖乌拉圭18%的专属经济区。

四、对我国的启示

一是重视海洋保护地建设，加强滨海湿地保护。滨海湿地是连接海洋和陆地的重要过渡地带，是许多海洋生物的繁殖育幼栖息地，包括珊瑚礁、红树林以及浅海海床等多种类型，被认为是地球上生物多样性最高的生态系统。与此同时，滨海湿地和它支撑的生物多样性所提供的生态服务是极为重要的生态财富。例如，滨海湿地中丰富的食物来源能够为水鸟的繁育、迁徙、停歇和越冬提供可靠的保障。

滨海湿地生物多样性丰富，我国大陆和岛屿岸线长达32000公里，面积近300平方公里，已知的海洋生物物种超过2万种，占世界总数的10%[①]。但与此同时，滨海湿地也是受人类活动干扰影响最大的、破坏最严重的、生物

---

① 数据引自中外对话网站：Cao Ling, China needs its rich coastal wetlands. 2019.

多样性下降最明显的区域。我国40%的人口、50%的大城市和60%的GDP都在滨海区域。在过去半个世纪里，由于过度无序开发、环境污染和违规捕捞作业等活动。我国已累计损失超过50%的温带滨海湿地，73%的红树林和80%的珊瑚礁。当前中国滨海湿地的保护比例约24%，仍远低于全国湿地保护率(43.5%)①。为此需要在以下五方面加强管理，第一，加快推进湿地立法以及滨海湿地立法。已有的滨海湿地保护相关的法律、法规尚未形成完善的体系，缺乏有效法律保护依据；第二，建立统一完善的协调机制；第三，加大有关滨海湿地和海洋生物多样性保护的宣传教育，增进公众对其生态功能和服务的认识；第四，在科研保护层面，当前大多数滨海湿地的保护工作都围绕水鸟尤其是濒危迁徙鸟类展开，但同时需要增加对渔业资源的关注，开展更多保护行动；第五，增加资金投入，建立更为完善的资源调查和监测体系。

二是尝试发行蓝色债券。“蓝色债券”是一项金融工具，通过其向资本市场投资者筹集资金，用于支持海洋资源可持续利用的相关项目，被视为一项有前景的创新海洋保护投资工具。债券由大自然保护协会负责组织发行，针对沿海和岛屿国家，对他们的债务进行再融资和重组，作为交换，这些国家需承诺近岸海域的保护面积至少达到30%，包括珊瑚礁、红树林和其他重要栖息地等。“蓝色债券”发行后，大自然保护协会的目标是获得2亿美元的赠款和私人投资，并用这些钱以折扣价购买国家债务。然后，再对这笔债务进行再融资，以换取各国偿还债务后的保护承诺。该计划已经在塞舌尔进行了测试。该国目前计划扩大海洋保护的范围，到2020年受保护的海洋栖息地将达到近40万平方公里。

我国海洋保护地资金机制尚不健全，因此建议尝试加入该计划，或通过国有银行发行蓝色债券，拓宽海洋保护地的筹资渠道。

三是加快划定海洋生态保护红线。与筹建耗时较长的海洋国家公园或海洋保护区相比，划定海洋生态红线可能是当前一种更简便快捷的保护方式。我国自2012年开始海洋生态红线试点，2016年正式印发《关于全面建立实施海洋生态红线制度的意见》，标志着全国海洋生态红线划定工作全面启动。生态红线制度为过度开发利用海洋带上了新的“紧箍咒”，其中一条红线就是海洋生态红线区面积占沿海各省(自治区、直辖市)管理海域总面积的比例不低于30%。红线区域分为禁止开发区和限制开发区。按照红线划定准则，所有的海洋自然保护区都属于禁止开发范围之内，而限制开发区域，主要是一些尚未纳入保护范围但有保护价值的区域，如重要渔业水域、滨海湿地、珍稀

① 数据引自保尔森基金会报告：Wetland Report CN final. 2016.

濒危动物集中分布区等。但当前海洋生态红线推进速度较慢，建议在合理论证的基础上，加速划定红线，实现抢救性保护的效果。

四是在海洋工程建设过程中须考虑海洋生态系统保护。近年来，我国开展了一些海洋工程，例如酝酿多年的渤海湾跨海通道工程拟借道长山群岛，建设渤海湾跨海通道，以连通烟台和大连，大幅度缩减两地交通距离。但长山群岛拥有我国境内最重要的鸟类迁徙通道之一，途经的候鸟种类几乎占中国鸟类的四分之一。有研究认为，该工程可能会影响候鸟和斑海豹的生存环境①。因此在开展类似工程的同时，需要考虑海洋生态系统的完整性和对海洋生物的影响，同时建议邀请包括野生动植物等行业专家参与论证。

（摘译自：中外对话网站：How Latin America is leading the way for marine protection 等，编译整理：李想、陈雅如、赵金成、王砚时；审定：李冰、周戡）

① 中外对话网站：Zhang Chun. 2019. Should China build the world's longest undersea tunnel?

第二篇

林草维护生态安全

第一节
基本生态安全

中国通过土地利用管理引领全球绿化

近日，来自美国、中国和印度等5国的15位学者共同在《自然可持续》(*Nature Sustainability*)期刊上发文(通讯作者来自美国波士顿大学，NASA作者排名14，译者注)，探讨全球植被叶面积增长的直接和间接驱动因素，其中直接驱动因素主要是人类的土地利用管理，间接因素主要包括气候变化、二氧化碳的施肥效应(CO_2 fertilization)、氮沉降、自然扰动促成的恢复等。

结果表明，气候变化和二氧化碳的施肥效应似乎是主要的驱动因素，尽管直接驱动因素也十分关键，但仅占全球叶面积净增加量的三分之一以上。另一方面，2000—2017年的卫星数据显示，中国和印度主导了全球的绿化模式。

在植被面积仅占全球6.6%的情况下，中国对全球叶面积净增长的贡献率达到25%。其中，森林对中国绿化的贡献最大，高达42%，其次是农田的32%。自2000年以来，中国和印度的粮食产量增加超过35%，主要是由于化肥使用和地表水和/或地下水灌溉促进了多次种植(两国是全球化肥使用量最多的国家)。中国正在制定雄心勃勃的计划，以保护和扩大森林，减少土地退化、空气污染，控制气候变化。

文章利用美国宇航局开发的“中分辨率成像光谱仪(MODIS)”对全球植被进行扫描记录，通过数据分析，主要有三大发现。

一是全球正处在绿化进程中。全球三分之一的植被面积正在得到绿化，另有 5% 在褐变(browning)。综合看来，相当于全球叶面积每 10 年增加 2.3%。从 2000 年至 2017 年，全球叶面积增加了约 540 万平方公里，上述绿化主要发生在森林和农田中。绿化主要发生在包括中国和印度在内的全球六大洲 7 个热点地区，其中，中国贡献了全球叶面积净增长的四分之一。文章认为上述数据较为准确，原因是中国在 2000 年时相对较低的叶面积(764 万平方公里，全球第六)、较大的绿化空间(可绿化面积近 470 万平方公里)、较高的叶面积净变化率(18%)。

二是人类土地利用是全球绿化的主要驱动因素。主要有以下四个理由：第一，自 2000 年以来，农田绿化对全球叶面积的净增长贡献最大(33%)，七大热点地区中的六个(包括中国)以农业为重要支柱。第二，二氧化碳的施肥效应对绿化的影响在热带和干旱地区不甚明显。第三，直接驱动因素——人类的土地利用会影响间接驱动因素，例如北温带地区农田产量增加有助于解释二氧化碳浓度的季节性波动。第四，北温带森林对全球经绿化的贡献率为 16%，表明中国在低产区的大规模造林和发达国家的营林作业法十分重要，进一步凸显了直接驱动因素的作用。

三是中国和印度引领全球绿化。中国绿化的主要贡献来自森林(42%)和农田(32%)，印度则主要是农田(82%)，森林仅占 4%。2000—2017 年，中国叶面积的净增加量高达 135 万平方公里，增幅高达 18%，均为世界首位。中国实行的大规模生态保护修复工程在控制土地退化、降低地表温度和固碳方面取得了成果，但也应注意到其对水资源的压力。上述结果再次表明，人类行动对中国林地绿化的重要性。

文章的最后结论认为，当前全球有植被覆盖土地的三分之一正在得到绿化，生产力日渐提高，是人类对全球农地和林地集约利用的结果，特别是中国和印度。人类土地利用管理是全球绿化的重要驱动因素，贡献率可达三分之一甚至更高。另外，值得指出的是，全球绿化进程多发生在北半球温带高海拔地区，这些无法弥补巴西、民主刚果、印度尼西亚等国热带天然植被的损失及其对生态系统和生物多样性的影响。今后研究应重点关注土地利用实践的时空动态变化，特别是多种种植、灌溉、施肥、弃耕、造林、再造林以及采伐等。

(摘译自：China and India lead in greening of the world through land-use management；编译整理：张升、李想、赵金成、陈雅如；审定：李冰)

全球森林火灾最新形势及灾后恢复措施概述

近年来，受厄尔尼诺现象和气候变化等影响，全球森林火灾多发高发，澳大利亚、美国、加拿大、巴西等地林火肆虐，损失严重。近日发生在四川、山西、云南等地的火灾表明，我国也面临着较为严峻的防火灭火形势，灾后恢复重建任务繁重。本文整理了林火对各地生态环境造成的影响和各国政府采取的相关恢复重建措施，以供参考。

一、全球森林火灾形势

（一）基本概况

2019年全球共发生超过450万起森林火灾，每一起的焚烧面积都在1平方公里以上，为2001年的2.5倍。据测算，每年因火灾增加的碳排放达80亿吨，约是人类燃烧化石燃料排碳量的一半。相比之下，2019年我国共发生森林火灾2345起，仅占全球森林火灾数量的0.05%，整体维持在历史较低水平。

（二）主要原因

一是厄尔尼诺现象。该现象在世界范围内造成严重的温度和降水异常，并导致全球野火数量逐年变化。2015—2016年最后一次强劲的厄尔尼诺现象导致印度尼西亚发生20年来最严重的野火，以及亚马孙地区创纪录的森林损失。根据NOAA气候预测中心的数据，厄尔尼诺现象在2018—2019年依然存在，并对我国也产生了相应的影响。

二是气候变化。无论哪种类型的森林被烧毁，天气通常在火灾的严重程度和蔓延速度上扮演着重要的角色。世界天气归因组织（World Weather Attribution）的研究发现，由于人类活动造成的气候变化，使得森林火灾发生的可能性至少增加了30%，甚至可能更高。

三是人类活动。至今仍有许多地方以砍伐或焚烧的方式削减森林面积，例如印度尼西亚自1990年起，为了发展造纸业和产制棕榈油，摧毁超过2700万公顷的森林；在西非则盛行火耕，除了清除杂草，也使土地能够在短时间内恢复肥沃；巴西则持续改变亚马孙地区的土地利用情况，通过“刀耕火种”等传统方式将大量林地转化为农地，天干物燥时，火势便会不可控制地蔓延。此外，人类对杂草枯木等易燃物清理不及时也可酿成火灾。

四是认知差异。美国、加拿大等西方国家认为林火是森林自然循环更新的一部分，火灾可以清除枯落物，减少病虫害，扩大树冠透光度进而促进生长等。因此对林火防控、预警预报、早期扑救等不够重视，处理不及时，导致局部林火失控，成为严重灾害。

二、火灾严重国家及恢复措施

(一)澳大利亚

2019年7月以来，高温天气和干旱导致澳大利亚多地林火肆虐。截至2020年2月15日，过火面积超过12.6万平方公里，超过爱尔兰国土面积。林火对当地生态环境造成严重破坏，并使澳大利亚畜牧业与旅游业遭受重创，经济损失高达数十亿美元。此外，大火造成近9万人流离失所，至少有34人直接死于火灾。

1. 对生态环境的影响

一是生物多样性遭到严重破坏。超过10亿只动物已在森林大火中丧生，仅在新南威尔士州就有800多万只动物死于火灾，包括考拉在内的113个本土物种面临生存威胁。它们中大部分物种的栖息地烧毁面积超过30%。

二是森林损失和碳排放增加。新南威尔士州和维多利亚州约有5.8万平方公里(580万公顷)的阔叶林遭到破坏，约占澳大利亚森林面积的21%。林火产生4.34亿吨二氧化碳，相当于2018年澳大利亚温室气体排放的5.32亿吨中的3/4以上。

三是威胁水资源供给和世界遗产保护。悉尼郊外的沃勒甘巴水库负责供应约80%悉尼居民(370万人)的用水，该流域的80%~90%已被烧毁。如果大雨冲走该地区烧毁的森林，那么大量的火灾灰渣和植物碎屑可能会阻塞其水域并导致细菌繁殖。此外林火还影响大蓝山等三个重要的世界遗产地，平均受灾面积占遗产地面积的78%左右。

2. 灾后恢复措施

对于灾后恢复，澳大利亚政府主要采取了以下四项措施以恢复森林生态系统和野生动物种群①。

(1)增加投入。2020年1月13日，澳大利亚环境部宣布投入5000万澳元用于火灾后的动植物恢复。其中2500万澳元用于紧急干预基金和必要的关键干预措施，帮助受影响的动物、植物和生态社区的生存，并控制病虫害和杂草。另外2500万澳元用于支持野生动物救援，以及动物园、自然资源管理团

---

① 摘自Global Forest Watch：4 things to know about australias wildfires and their impacts on forests.

体以及一些志愿者等开展实地活动。

(2)制定受威胁和帮助恢复物种清单。1月20日与2月19日，澳大利亚环境部又先后发布了受威胁物种与生态群落的初步清单。生态群落受林火影响的地区超过其分布面积的10%，受威胁的生态群落有84个，受威胁物种清单包括272种植物、16种哺乳动物、14种青蛙、9种鸟、7种爬行动物、4种昆虫、4种鱼类和1种蜘蛛。2月11日，澳大利亚环境部发布了一份临时清单，确定林火之后数周和数月内最需要采取紧急干预措施帮助恢复的物种。这些动物中的大多数其栖息范围的至少30%已被烧毁。临时清单共有113个物种，其中包括13种鸟类、19种哺乳动物、20种爬行动物、17种青蛙、5种无脊椎动物、22种小龙虾和17种鱼类。

(3)推进信息化建设。2月13日，澳大利亚环境部发布了"国家指示性综合火灾数据集"(NIAFED)，该数据集汇总了2019—2020年火灾季节可用火势数据，并提供了澳大利亚各地可能受火灾影响的地区的综合信息。NIAFED可以满足环境部的迫切需求，量化2019—2020年林火对野生动植物和生态社区的潜在影响，并确定适当的响应和恢复措施。

(4)发布森林火灾应对计划。2020年3月2日，澳大利亚濒危物种科学委员会(TSSC)发布了其森林火灾应对计划。该计划确定了3个关键目标与10项行动，旨在提供有效的火灾应对措施。

目标一：防止受2019—2020年火灾影响的本地物种和生态系统的灭绝和衰退。鉴于大量未列入名单的物种和生态群落迫切需要法律保护，以及许多列入名单的物种和生态群落由于其保护状况恶化需要重新评估，该计划拟尽快就有资格列入优先保护名单或更新保护状态的物种向环境部部长提供意见；加快评估和重新评估这些优先保护物种的进程；在受火灾影响的物种和生态群落的保护建议和恢复计划中，纳入有关火灾影响和关键行动的信息，支持立即开展火灾后恢复工作；就2019—2020年火灾对生物多样性的影响回应社会关切。

目标二：减少未来火灾的影响。更新受火灾影响最严重的物种和生态群落的保护建议，更新未来火灾的潜在影响以及支持长期恢复所需的信息、关键保护行动和资源；为增强生物群对未来火灾的抵御能力，需要评估导致生物多样性下降的火灾状况并制定恢复行动指南。

目标三：充分吸取教训。将2019—2020年火灾的影响记录在法定文件中，考虑到火灾后清单标准的应用条件发生了变化，审查委员会采取的适应措施，并汲取教训以应对未来的生物多样性危机事件。

(二)巴西

2019年巴西森林火灾频发，1~8月发生火灾7.4万余起，比2018年增加了85%。8月5日起，亚马孙热带雨林发生大面积火灾，大火持续了至少2个月，过火面积达230余万公顷，甚至烧至邻国秘鲁、哥伦比亚、玻利维亚等，引发了世界关注①。

1. 对生态环境的影响

亚马孙森林是地球之肺，占世界雨林总面积的一半，生产着大气层20%的氧气，每年吸收约22亿吨二氧化碳。超过4万种植物、1300种鸟类和426种哺乳动物生活在此，占世界上已知物种的10%。

因此亚马孙火灾的影响是全球性的，主要体现在两方面：一是产生大量二氧化碳，导致全球变暖。在自然的碳循环周期中，排放的二氧化碳会再一次被新的树木和死去植物在土壤中残留的枝叶吸收，形成平衡。但亚马孙林火释放的碳在一段时间内无法被存储于树和土壤中，造成气温上升。二是引发干旱。巴西的大部分雨水都来自亚马孙雨林，其储水能力给巴西和周边国家的河流提供水资源。当树木遭遇干旱时，枝叶枯萎，雨林林冠变得稀疏，更加不利于保持潮湿，而干旱又成为林火的助燃器。亚马孙雨林将在未来二三十年内达到"生态无法恢复的临界点"。生态学家指出，亚马孙被大火吞噬的森林，可能要数百年才能复原。

2. 灾后恢复措施

巴西现政府的生态政策一直饱受争议，削减生态资金、抨击生态组织、否认采伐数据……以及并未在第一时间制定有力的恢复措施。但亚马孙大火得到了国际社会的广泛关注，巴西政府迫于压力，宣布将调动所有政府部门之力，确定亚马孙雨林着火点，并找到应对措施。此前，数个州政府和环保组织已采取措施，强化火灾管控，打击非法采伐。

除巴西政府外，国际社会也积极参与灾后恢复。英国、加拿大分别捐助巴西1200万和1100万美元；法国总统马克龙代表7国集团(G7)宣布投入2000万欧元；苹果等全球知名企业也进行了捐助。另一方面，因毁林导致的大火与开辟牧场有关，为防止巴西相关企业不当得利，敦促巴西政府采取更为有力的防控措施，欧盟轮值主席国芬兰呼吁欧盟考虑禁止进口巴西牛肉的可能性；德国和挪威也因不满巴西政府的决策而冻结了亚马孙基金森林保护项目的贷款。

(三)美国

2018年，美国加利福尼亚州发生历史上最致命的山火——坎普山火从11月8日开始肆虐，直至11月25日才得到控制，过火面积620平方公里，导致

① https://blog.globalforestwatch.org/fires/brazils-fire-ban-correlates-a-reduction-in-amazon-wildfires-the-ban-lifts-today.

86 人丧生。

1. 对生态环境的影响

一是加剧水资源短缺①。近年连续多起大火使自 2011 年起就处于严重干旱期的加利福尼亚州雪上加霜，水资源严重不足，部分湖泊水量持续减少，加利福尼亚州第二大水库的奥罗维尔湖，目前的蓄水只有其容量的 42%。此外，还面临着因水资源不足导致的农作物减产的风险。

二是生态系统质量严重下降。山火造成森林健康问题加剧，枯死木已超过 1.3 亿棵，不仅持续排放二氧化碳加剧气候变化，若得不到及时清理，将成为未来火灾隐患。山火也造成了大量野生动物死亡，同时带来了严重的空气污染。

三是经济林产业遭到破坏。加利福尼亚州山火蔓延的 7 个郡是最主要的葡萄酒产地，尽管大多数葡萄因气候异常提前采摘，受影响较小，但葡萄园、葡萄树和酿酒设施的损失却极为惨重，这对当地经济林产业和居民生计造成严重影响。

2. 灾后恢复措施

一是增加投入。美国 2018 年的消防资金超过了 20 亿美元，加利福尼亚州 2017 年的防火灭火资金更是超过了 27 亿美元，即使在山火较少发生的阿拉斯加，2019 年的消防支出也超过了 5100 万美元。美国国会于 2018 年通过了历史性的新法案，扩大了林务局在改善森林状况和减少野火风险等方面的权限，减少了从管理工作资金转移支付消防费用，改为部门预算。因此，当新的筹资方案在 2020 财年生效时，林务局的预算会更加稳定，有更多的资金支持野外实地工作，以提高森林健康和弹性，同时保护社区、居民和周边资源②。

二是增强森林对气候变化的适应能力。为增强森林抵御对气候变化的能力，加利福尼亚州在造林中推广二氧化碳吸收能力较强的树种，并与联邦林务局合作，加快识别处理枯死木等。

（四）加拿大

2019 年 5 月，加拿大艾伯塔省发生野火。大火持续了三个月，烧毁了 28 万公顷森林，迫使超过 1 万人撤离。

1. 对生态环境的影响

一是影响气候变化。加拿大处于寒温带，其林火并未对生态系统造成毁

---

① 中外对话

② U. S. Department of Agriculture Forest Service reflects on past year's progress.

灭性的影响，值得警惕的是火灾发生的季节、频率和强度①。在近年的情境下，加拿大林火可能会释放深埋的遗留碳(legacy carbon)，这是寒温带林地上一层厚厚的有机质，在普通火灾季节不会燃烧。然而高频率高强度的山火会烧毁遗留碳上方的保护性土壤层，导致其被释放至大气中。

二是抑制生态系统自然更新。当幼龄云杉燃烧时，他们没有机会释放种子，这阻止了其种群恢复和自然更新，给了其他树种充分利用干扰的机会。随着时间推移，可能永久改变森林生态系统的结构，使其被转化为苔原(tundra)或其他林地。

2. 灾后恢复措施

一是森林保险提供恢复资金。加拿大蒙特利尔银行资本市场(BMO Capital Markets)估计，本次火灾保险公司可能面临最高达 90 亿加币(约合 455 亿人民币)的赔偿，成为加拿大有史以来最大的单笔自然灾害赔偿。

二是升级林业产业。林火让加拿大的传统林业产业受到一定影响，为此，加拿大大力发展生化产品、生物材料、生物能源等从生物量和木纤维中提取制造的生物产品，特别是生化产品被用作制药、生物可降解塑料、个人护理产品以及工业化学品等。

三是完善防火基础设施和城镇规划。加拿大在火灾高发地区相继完善了一批气象站、传感器等基础设施，加强了对火灾的预警监测。另外，由于一些林区市镇住宅区过于靠近林场，导致一旦林火失控，威胁城镇。本次火灾也推动了加拿大着手启动完善城镇规划。

三、对我国的启示

上述国家应对火灾的经验教训对我国可能具有如下启示：

一是增加防火投入。多国的比较分析表明，与过去相比，气候变化形成的极端天气极易引发森林草原火灾，且因扑救难度大，火势蔓延将造成不可逆的损失，凸显了林草防火任务的艰巨复杂，因此应加大防火人员、科技和资金等方面的全方位投入，各国的灾后恢复措施也均从此着手。美国特朗普政府对防火不够重视，削减了美国林务局数千万美元原用于森林管理和防火工作的资金，导致相应的防火资金严重不足，最终酿成史上最严重火灾。美国的教训值得我国警惕，应增加防火资金投入，健全防火机构，建立完善防火指挥和火灾预警信息化系统，充分利用生态定位站、气象站的数据信息，结合 3S 技术和无人机等现代化可视化手段，加快推进森林防火现代化。

---

① Intense Boreal Forest Fires a Climate Concern. https://www.wri.org/blog/2020/02/intense-boreal-forest-fires-climate-concern.

二是加强对林地、草地的管理。气候变化影响下的防火对林地、草地管理提出了更高的要求，各国教训表明，对林地疏于管理是酿成森林草原火灾的主要诱因。因此我国应及时更新森林草原重点防火区，对四川等重点地区，分类施策，实行最严格的防控措施；应定期评估、实地踏查并及时清理林地可燃物，防止堆积；多措并举保证森林健康，通过间伐疏伐等手段，增加林地透光度，扩大株行距；在选取树种草种时，考虑其对气候变化的适应能力，加大混交林比例等。

三是加强气候变化对森林草原火灾的影响研究。全球林草火灾形势已有力地证明了气候变化造成的高温、干旱等极端天气是导致林草火灾的重要诱因，而林草火灾发生后，排放出大量的温室气体，又加剧了气候变化，造成恶性循环。美国、澳大利亚等国已相继启动气候变化与森林草原火灾的响应研究。因此，我国应着力加强基于气候变化背景的森林草原火灾预防和生态系统恢复机理、技术和政策研究，推动森林草原防火更好地适应气候变化，制定相关政策，保障国家生态安全。

四是制定森林草原防火和灾后恢复的针对性政策。各国针对各自不足制定了针对性的政策，澳大利亚推进了防火信息化建设，加拿大启动了城乡边界的森林规划调整，美国国会批准增加了林务局的部门预算等。因此，我国应充分审视现有的防火政策，针对不足酌情修改。灾后恢复政策中，应学习国外经验，吸取教训，制定涉及森林保险、城乡边界森林管理等方面的政策。

（综合摘译自：Global Forest Watch Fire 等；编译整理：李想、赵金成、陈雅如、王丽；审定：李冰、周戡）

重大危机后的恢复重建：生态建设的国际经验及典型案例

新冠肺炎爆发以来，我国多措并举，疫情防控取得阶段性成效，复工复产持续推进，经济社会秩序逐步恢复。但疫情也导致我国经济下行，服务业受到较大冲击。最新数据显示，我国一季度 GDP 同比下降 6.8%，同时世界经济下行风险加剧，不稳定不确定因素显著增多，可能严重制约我国发展。因此，如何开展有效的恢复重建成为当前和今后一个阶段工作的重中之重。生态建设历来是重大危机后恢复生产提振经济的主要选择。本文重点介绍近年来流行病、自然灾害和经济危机等各类重大危机后，通过加强生态建设提振经济的国际经验和典型案例，以期为我国恢复重建的相关决策提供参考。

一、基本概况

20世纪以来，全球重大灾难频发，包括战争、流行传染病、自然灾害、经济危机等。各类危机均不同程度地导致了生态系统恶化和生物多样性减少，进而间接影响了社会经济的健康发展。生物多样性和生态系统服务政府间科学政策平台(IPBES)2019年9月发布了《生物多样性和生态系统服务全球评估报告》，报告评估了自然界的现状和趋势、这些趋势的社会影响及其直接和间接原因，以及为确保所有人的美好未来可采取的行动。

报告认为，自然对人类的大多数贡献不能被完全替代，有些甚至是不可替代的。从1970年至今，由于各类灾害和人类活动的影响，自然提供的18种生态系统服务中，14种的质量大幅下降①。全球物种绝灭速度比过去一千万年的平均速度高至少几十倍到几百倍，而且仍在加速。生物多样性丧失破坏了生态系统对害虫、病原体和气候变化等威胁的抵御力。

报告进一步指出，传统的灾后重建措施存在严重弊端。恢复重建的经济激励措施一般倾向于扩大经济活动，包括制定配套政策、大面积的补贴(如农药和化石燃料等)、特殊的激励措施等，这些做法有可能加剧了生态危机。扩建道路、公路、水电大坝以及油气管道可能带来高昂的环境和社会代价，包括毁林、生境破碎化、生物多样性丧失、土地掠夺。事实证明，在灾后重建的经济激励措施中考虑生态系统功能的多重价值和自然对人类的贡献，有助于在经济发展中获得更好的生态、经济和社会成果。

二、国际典型案例

(一)公共健康危机

公共健康危机主要指近年来新兴或再发的人畜共患疾病，包括埃博拉、禽流感、中东呼吸综合征(MERS)、尼帕病毒、裂谷热、严重急性呼吸综合征(SARS)、西尼罗河病毒、寨卡病毒、以及当前正在肆虐的冠状病毒，它们都与人类活动密切相关。埃博拉疫情在西非爆发，根源在于森林砍伐导致野生动植物与人类居住区的距离不断缩近；禽流感的出现与密集式家禽养殖有关。与蝙蝠相关的病毒的传播，源于森林砍伐和农业扩张导致了蝙蝠自然栖息地的丧失，迫使它们离开原来的生态位。

在过去的20年中，新兴疾病的直接损失已超过1000亿美元，如果爆发成为全球性大流行病，这一数字将跃升至几万亿美元。在所有传染病中，超

---

① 摘译自IPBES生物多样性和生态系统服务全球评估报告(Report: Global Assessment Report on Biodiversity and Ecosystem Services).

过60%的传染病和75%的新兴传染病是人畜共患疾病①，且病毒通过动物传染给人类。平均每4个月就会出现1种新的威胁人类健康的传染病。据估计，还有约170万种人类尚未发现的病毒存在野生动物身上。

新发人畜共患传染病多次为人类对待自然生态系统的方式敲响警钟，为此，国际社会制定了多项措施遏制生态系统退化，先后制定了《生物多样性公约》《生物安全议定书》《湿地公约》《荒漠化防治公约》等重要文件，确立了可持续发展目标。各国对森林、草原、湿地等重要生态系统的重要功能认识更为深刻，但行动步调并不一致。发达国家保护生态环境的能力更强，通过良好的治理能力、法治环境和科学的保护措施，基本实现了生态系统的有效保护以及重大传染病的恢复重建，建立了相对完善的生物安全体系。相比之下，发展中国家严重依赖自然及其对谋生手段、生计和健康的贡献，即使因生态系统遭到破坏导致人畜共患病爆发，其保护自然的意愿也并非十分强烈，例如发生在马来西亚的尼帕病多年后依然在印度爆发(详见案例1)。

各类人畜共患病的灾后重建必须采取有效措施抓紧扭转人类活动对生态系统的不利影响，包括栖息地丧失和碎片化、非法贸易、污染、入侵物种以及不断加剧的气候变化。

案例-1　　尼帕病后忽视生态建设②

1998年，为了生产棕榈油、木材和养殖牲口，马来西亚大量雨林面积被移除，果蝠们无家可归，部分落脚在新建的养猪场，因为那里有芒果和其他果树。于是蝙蝠的唾液和排泄物里的病毒传染给农场里的猪，猪再传染给农场工作人员和与该行业有密切接触的人员。造成100多人死亡和100多万头猪被捕杀。

然而，马来西亚和其他热带国家并未完全吸取上述教训，忽视生态建设和生物多样性保护，继续破坏森林，大力生产棕榈油以供出口。2019年，马来西亚的生物柴油产量创下了有纪录以来的最高水平。印度尼西亚则更为激进，过去10年，拉瓦·吉尔野生动物保护区内已经有3000多公顷的核心低地森林栖息地被侵占，大部分变成了新的棕榈树种植园。

2000年6月，马来西亚又发现尼帕病毒疫情。此外，孟加拉国和印度在2004年也曾出现疫情。2018年该病毒在印度再次爆发，造成近20人死亡。

① 摘译自联合国环境署：与冠状病毒有关的六大自然事实(Six nature facts related to coronaviruses).

② 摘译自中外对话和中国绿发会网站：人类如不改变与野生动物相处的方式，传染病可能将再次爆发。

(二)自然灾害

各种突发性自然灾害既包括洪涝、台风、冰雹、霜冻、雪灾等气象灾害，滑坡泥石流等地质地貌灾害，地质板块迁移形成的多发性地震灾害，病虫害等生物灾害等，也包括随着经济社会快速发展而环境治理跟不上带来的水土流失、沙化、盐渍化、草场退化、森林毁坏等造成的人为环境灾害。

近年来，气候变化和人类活动多次诱发严重自然灾害，仅21世纪的十大自然灾害造成近百万人死亡，生态系统严重受损。自然灾害有时也会造成经济危机和社会动乱，因此各国灾后的重建重心仍是恢复经济社会秩序，对生态系统的保护和恢复并非首选，例如美国、加拿大等地的森林火灾时有发生，但灾后并未有力执行评估清理易燃物、人工促进生态系统更新、增加树种多样性等生态恢复措施。

近年来，部分国家灾后恢复重建的生态措施更加有力。欧洲为应对水土流失、森林草原火灾等灾害，创立了Natura 2000保护区网络，截至2017年11月，保护地面积达到了123.4万平方公里，但开发者、农民和政界认为，对栖息地和物种的保护会阻碍经济发展；智利、阿根廷、乌拉圭等南美国家在遭到台风、海啸等自然灾害侵袭后，海洋保护地面积增加了近百万平方公里，对保护生物多样性、增强渔业恢复力以及碳固存起到了积极作用；日本在2011年大地震的灾后重建中，采取了有效的生态建设措施，将恢复自然生态系统与绿色产业结合起来，取得了良好效果(案例2)，为自然灾害后的恢复重建树立了新的样板。

案例-2　　东日本大地震后的生态重建①

2011年3月，日本发生9级大地震，第一核电站发生爆炸与核泄漏事故，造成近2万人伤亡，生态环境遭到严重破坏。生态建设是日本灾后重建的重要内容，日本政府重点开展了三方面的工作。

一是推进沿海防护林建设。地震使150余公里海岸线的防护林遭到破坏，为此日本市民广泛参与、种苗的稳定供应以及持续的抚育措施均为重建提供了重要保障，预计可在2021年完成建设。

二是发展绿色林业产业。建设木质临时安置房，地震影响的地方政府为灾民提供了约5.4万个临时安置房，其中近四分之一(1.5万个)为木质结构，另外还建造了约7000个木质结构公共房屋。木质结构也在灾民的永

① 摘译自日本《森林与林业年度报告》(Annual Report on Forest and Forestry in Japan: Fiscal Year 2017, 2018).

久房屋、非居住建筑恢复和重建中占有一席之地。地震带来的木质碎屑等为木质板材的生产、燃料和发电等提供了原材料。此外，政府出台了种植规程，通过圆木种植的蘑菇放射性物质显著降低，带动了复产。

三是推进林木无害化处理。震前福岛附近林地的一些树枝干多被用作燃料或堆肥，后因核泄漏造成污染。政府为木材厂商提供了相应的污染处理设备。此外政府还协调东京电力公司对福岛及其他一些地区的林业组织、蘑菇种植户因地震造成的损失进行了赔偿。

(三)经济危机

世界许多国家，无论过去还是现在，都把加强生态建设与保护作为促进经济增长、缓解就业压力的重要举措，美国是最为典型的例子。20 世纪 30 年代，美国为应对经济危机实施的罗斯福生态再就业工程，为 300 万青年提供了就业岗位，既增加了 1.03 亿亩森林，又增加了社会就业和居民收入。2008 年金融危机后，美国以林业和国家公园管理部门为主实施的“大户外”战略，不仅提供了 610 万个持续就业岗位，而且增加了近 800 亿美元税收。国家公园年均吸引游客 3.3 亿人次，对美国经济贡献超过 350 亿美元。此外，金融危机后，国家公园加大特许经营推广力度，特许经营者雇佣约 2.5 万人，每年财政收入达 13 亿美元，其中上缴政府 8000 万美元①。

日本、芬兰等国也在经济危机后通过加强生态建设来恢复经济。当经济年均增速从 1961—1973 年的 8.8%下降到 1974—1983 年的 3.4%时，日本政府通过实施《保安林整治临时措施法》和保安林规划建设制度，一方面增加了大量就业岗位，另一方面使保安林面积增加了 2 倍多，大大提高了生态承载力。2013 年 5 月，欧盟为应对经济下行压力，实施了绿色基础设施新战略，力图实现增加就业机会、促进经济发展、改善生态环境“三赢”。芬兰制定实施了首个国家生物经济发展战略，计划加大对动植物及其废弃物的深度开发，加快经济恢复和转型。预计到 2025 年全国生物经济年产值将由目前的 600 亿欧元增加到 1000 亿欧元，对国民经济贡献率超过 20%，并创造 10 万个新的就业岗位。

三、对我国的启示

上述国际经验和典型案例对我国新冠肺炎疫情后的重建工作可能有如下启示：

---

① 摘译自美国国家公园管理局网站 Organizational Structure of the National Park Service, Fiscal Year 2019 Budget Justifications.

一是全面加强生态建设和生物多样性保护。无论是公共健康危机、自然灾害或经济危机，生态建设均是灾后重建的基石，加强生态建设受益无穷，忽视生态建设则为下次灾难爆发埋下伏笔。此次疫情证明，人与自然关系的失衡可能导致重大健康危机①。生态系统完整性与人类的健康和发展紧密相连，生态系统的生物多样性越丰富，越能调节并控制疾病的产生，使某一种病原体难以溢出、跨越种群传播或占主导地位，对生态系统和生物多样性的保护就是对未来公共健康危机最有效的前端预防。一些发达国家如德国等，已经认识到并开始布局调整②。与之相比，我国生态文明建设是一场前所未有的深刻社会变革，涉及生产方式、生活方式、发展模式的重大调整，影响到人与自然、人与社会、人与人之间关系的深度重构，必须持之以恒坚持不懈。疫情爆发尽管酿成了公共健康危机，但同时全社会也凝聚了保护生物多样性等共识，我国应抓住机遇，将生态建设作为灾后重建的重要措施，加快深入推进生态文明体制改革，加大生态建设资金投入，全面加强森林、草原、湿地、荒漠等重要生态系统和各类自然保护地的建设和管理，加强野生动植物栖息地的保护，丰富生物多样性。

二是坚持大力发展生态产业，推进绿色高质量发展。各国经验表明，危机后发展林草等绿色生态产业，既可以解决就业等社会经济问题，又有助于改善生态系统。此次疫情对我国经济影响较大，社会就业出现一定困难。为此，建议把生态产业作为灾后重建的基础产业，发挥政策性金融的导向作用，发行用于支持绿色产业的专项债券，加大绿色基础设施投资力度；出台刺激生态产品消费回补的措施，引导消费者购买绿色林产品、生态旅游和观光休闲等各类生态产品；引导生态龙头企业帮助中小企业和从业人员，加大对生态产业再就业培训的支持力度，提高生态护林员、草管员等的培训和补贴力度；鼓励生态创业，提高生态创业的一次性创业补贴，扩大其担保贷款扶持范围等。

三是尽快重塑昆明生物多样性大会的核心议程。共谋全球生态治理是习近平生态文明思想的重要原则之一，2019 年 10 月在我国昆明召开的《生物多样性公约》第十五次缔约方大会（COP15）在引领全球生态系统和生物多样性保护中角色重要。因此，COP15 应积极抓住与全球最紧迫公共健康议题协同增效的契机，正在制定的 2020 年后生物多样性框架（post-2020 global biodiversity framework）应适当反映自然与健康问题的关系。应考虑对生态保护和传染病关系领域的科学研究进行汇编，并在 COP15 会议前为政策制定者提供参

① 联合国环境署关于冠状病毒的声明（UNEP Statement on COVID-19）.

② 德国环境部网站部长访谈，全球自然保护可降低未来流行病风险（Minister Schulze: Global nature conservation can reduce risk of future epidemics）.

考。上述行动应力争在COP15会议前完成，以利中方向世界介绍生态保护的最新经验，呼吁各国将生态系统和生物多样性保护纳入灾后重建的核心议题，推进国际生态建设的深刻变革，真正发挥主席国的引领作用。此外，建议呼吁各国加大生态建设的资金投入，昆明进程中最重要却被最少提及的便是资金问题。爱知生物多样性目标的经验已经证明，仅勾勒目标，不充分讨论执行和支持，将使生态建设沦为空中楼阁。

（综合摘译自：联合国环境署、FAO、各国政府网等网站；编译整理：周戬、李想、赵金成、王丽、陈雅如；审定：李冰）

第二节

应对气候变化

IPCC 发布《气候变化与土地特别报告》

近日，政府间气候变化专门委员会(IPCC)发布了《气候变化与土地：IPCC 关于气候变化、荒漠化、土地退化、可持续土地管理、粮食安全及陆地生态系统温室气体通量的特别报告》(以下简称《特别报告》)，将作为即将举行的气候和环境谈判的关键科学资料。《特别报告》共分为八章，由全球专家共同完成，其中大多数作者(占比 53%)来自发展中国家。《特别报告》重点探讨了土地管理不善导致气候变化、极端天气影响加重等问题。

结果表明，人类已对土地施加了沉重的压力，气候变化使这种现象雪上加霜。同时，更好的土地管理有助于应对气候变化，但不是唯一的解决方案，只有通过减少包括土地和粮食在内的所有行业的排放，才有可能将升温控制在远低于 2℃。遏制森林砍伐、水土流失和荒漠化是应对气候变化、确保未来食物与水资源供应的关键。报告重点内容还包括土地资源管理、土地退化和荒漠化、保护原住民权益、饮食结构变化和协同效益等。

一、加强土地资源管理

土地既能排放温室气体，也能吸收温室气体。农业、林业和其他土地利用模式“贡献”了温室气体净排放的 23%，其中包括甲烷、一氧化二氮和二氧化碳。如果将运输等食品生产前后相关活动的排放量计算在内，这个比例会上升到37%。自然土地过程吸收的二氧化碳几乎相当于化石燃料和工业二氧化碳排放量的三分之一。

未来降水强度加大会增加农田水土流失风险，可持续土地管理模式将保护社区免受水土流失和山体滑坡的有害影响，因此必须加强土地可持续管理，特别是通过更可持续的土地利用，减少过度消费和浪费粮食，消除毁坏和焚烧森林，防止过度采伐薪材，并减少温室气体排放，从而协助应对与土地相关的气候变化问题。

二、防治土地退化和荒漠化

除了增加温室气体排放，土地利用还加剧了森林砍伐、土地荒漠化和土壤枯竭等问题。农田侵蚀的速度比土壤形成速度高100多倍，给粮食生产带来严重威胁。土壤退化不仅降低了土地的生产力，限制了种植品种，同时也降低了土壤的碳吸收能力。从1961年到2013年间，全年处于干旱状态的土壤面积每年以超过1%的速度增长；而过去几十年，沙尘暴发生频率和强度也有所增加，对人类健康产生了负面影响。

当前，全球大约有5亿人生活在荒漠化地区。在干旱地区，气候变化和土地荒漠化会降低作物和牲畜的生产力，改变原生植物类型，导致野生动物种群减少。如果全球气温升高1.5摄氏度，全球将大约有1.78亿人受到水资源短缺、干旱加剧和栖息地退化的威胁；如果气温升高2摄氏度，受影响人口将达到2.2亿；如果气温升高3摄氏度，则这一数字将攀升至2.77亿。亚洲和非洲的荒漠化影响将会加剧，而北美洲和南美洲、地中海地区、非洲南部与亚洲中部地区则将迎来更多山火风险。

三、保护原住民权益

《特别报告》首次强调了原住民在土地保护中的重要性。全球42个国家的原住民管理的土地面积达16亿公顷，原住民社区所在的热带与亚热带森林存储了大约2180亿吨碳，而其中有三分之一的碳存储在原住民的土地权益没有得到正式承认的地区。一旦政府和企业看上了他们的土地，生态环境就要面临威胁。

《特别报告》提出，包含本土知识在内的农业生产实践活动不仅可以提高粮食安全性、保护生物多样性，而且同时还能对抗土地荒漠化、土壤退化和气候变化。企业、消费者和政策制定者应该与原住民积极合作，更好地对土地进行管理。

四、调整饮食结构

农业与林业用地不断扩张，以及生产力不断提高，为日益增长的人口提供了充足的消费用品与粮食供应，但是也导致了温室气体排放量增加，生物多样性下降，森林、热带草原、草原和湿地等生态系统的退化等多种问题。

以植物性食物(如粗粮、豆类、水果和蔬菜)以及在低温室气体排放系统中以可持续方式生产的动物源性食品为特色的平衡饮食，为适应和限制气候变化提供了重大机会。通过培育生物质能植物、种植树木吸收二氧化碳，土地还可以为减缓气候变化做出有价值的贡献。但是，报告也警告称，这些解决方案落实起来仍然存在限制，因为在数百万平方公里的土地上大范围采用这种方法可能会加重土地荒漠化和土壤退化，破坏粮食安全和可持续发展。

五、重视协同效益

据IPCC估计，可持续土地管理实践和技术的前期投资大约为每公顷20美元到5000美元不等，中位数大约为500美元/公顷。

恢复受损土地带来的效益大约是其成本的3~6倍，而且不少可持续土地管理技术和实践在3~10年内就能实现盈利。投资可持续土地利用可以提高作物产量，提高牧场的经济价值，改善生计，增强气候变化适应性，减缓气候变化影响，并且也有益于野生生物。

不采取行动则会带来不可逆转的损失，严重影响土地进行粮食生产、支持人类健康和提供宜居环境的能力，同时还会加快全球变暖的步伐，可能会给全球很多地区不少国家的经济造成负面影响。

(摘译自：IPCC Special Report on Climate Change，Desertification，Land Degradation，Sustainable Land Management，Food Security，and Greenhouse gas fluxes in Terrestrial Ecosystems；编译整理：李想、陈雅如、赵金成、王砚时；审定：王月华、周戢)

各国国家自主贡献的林业目标与政策

国家自主贡献(Nationally Determined Contributions，以下简写为NDCs)是《巴黎协定》的核心减排机制，即各缔约方在共同但有区别的责任原则和各自能力原则下，基于各自国情和发展阶段，提出应对气候变化、实现气候变化温控目标的各自目标行动计划，并通过“自下而上”的方式执行各自减排义务。NDCs治理模式适应新的时代背景，转变了以往一贯的先谈判减排目标再向下分解的“自上而下”减排机制，也改变了《京都议定书》的减排指标只对发达国家有法律约束力的原则。截止到2019年12月，已有186个缔约方向《联合国气候变化框架公约》(*United Nations Framework Convention on Climate Change*，缩写 UNFCCC)秘书处提交了各自的 NDCs 文本，占 UNFCCC 总缔约方的 95%，占全球 CO_2 总排放量的 96.6%。森林的碳汇作用已获得国际社会的充分肯定，林业减排是世界各国间接减排的主要做法，各国在 NDCs 文本中以不同的方式提出了林业目标和行动策略。

一、国家自主贡献林业目标的提出方式

由于国家自主贡献编制的自主性、建议的非强制性、各缔约方国情的差异性，各缔约方提交的 NDCs 文本在内容和结构上存在显著差异，体现在减排承诺形式、减排目标、基年和目标年选择、涵盖部门以及温室气体种类等方面。林业减排目标通常涵盖在土地利用、土地利用变化和林业(Land use, land use change and forest，以下简写为 LULUCF)的总目标之内。根据 NDCs 文本中林业目标的提出方式，可将所有缔约国家提出的林业目标分为 3 类(表 1)。

表 1 NDCs 中林业目标的提出方式

	类型	国家数量
1	量化林业目标和减排数值	39
2	自主贡献目标包含林业部门但无明确数值	62
3	自主贡献目标中无林业部门贡献	85

(一)量化林业目标和减排数值的国家

有 39 个缔约国量化了林业目标和具体减排数值，其中仅有 3 个发达国家，即澳大利亚、日本、挪威，其余均为发展中国家，这些国家贡献了 2010 年全球 LULUCF 净排放量的 76.2%。根据各国提出林业目标的方式和依据，又可分为 3 种类型。第 1 类是明确提出了增加造林面积或森林碳储量的目标：例如中国政府承诺相对于 2005 年，2030 年增加森林蓄积量 45 亿立方米；印度政府承诺通过加大造林力度，在 2030 年增加 25 亿~30 亿吨碳汇。第 2 类是根据 LULUCF 相关的措施和政策提出了 LULUCF 部门的增汇减排目标：例如日本政府承诺土地利用部门增加碳汇 0.37 亿吨 CO_2，其中通过增加森林实现 0.28 亿吨碳汇，通过农田管理、放牧土地管理和植被恢复实现增加 0.09 亿吨碳汇；圭亚那政府提出无条件目标是通过可持续森林经营、加强森林监测，提供木材合法性，使非法采伐率低于木材产量的 2%，有条件目标为通过木材和采矿业改革减排 0.48 亿吨 CO_2。第 3 类是提供了在 BAU 情境[①]和 NDC

---

① BAU(business as usual)情景：一切照常情景，指假设不采取任何应对气候变化行动，2050 年气候变化可能出现的情景。

情境下的 LULUCF 净排放量的变化路径：例如巴西、马达加斯加、印度尼西亚。巴西将在联邦、州、市三级加强《森林法》执法，实现巴西境内亚马孙流域“零”非法采伐，并对减少植被碳排放行为进行补偿，恢复和新造林 1200 万公顷；马达加斯加承诺相对于 BAU 情境，在 NDCs 情境下，通过实施 27 万公顷的本地原生树种造林计划、加入可再生能源倡议、更新农村电气化技术等措施增加 0.61 亿吨碳汇。

(二)自主贡献目标包含林业部门但无明确数值的国家

有 62 个国家的自主贡献目标中包含了林业部门，但没有明确的目标数值，其中有美国、新西兰、瑞士、冰岛等 6 个发达国家，其余均为发展中国家，这些国家在 2010 年贡献了全球 LULUCF 净排放量的 25.6%。美国、加拿大、瑞士的报告涵盖 LULUCF，并阐述了土地转换的计算方法，但没有提及具体的林业减排增汇措施和政策。一些国家虽然未提出估算 LULUCF 减排的数据，但列出了林业部门的减排措施和政策清单。例如冰岛承诺将通过植树造林、植被恢复、湿地恢复等方法实现 LULUCF 减排目标。约旦提出了多项具体的 LULUCF 政策措施，一是到 2020 年对国家保护区网络进行全面审查，二是到 2025 年成立专门负责气候变化适应战略的部门，协调其他不同部门，并制定一系列生态系统适应项目，三是到 2030 年开始将土地利用规划作为适应气候变化的工具，开展气候变化对关键物种影响的监测，加强社区对气候变化的适应能力等。

(三)自主贡献目标中无林业部门贡献的国家

自主贡献目标中没有包含林业部门贡献的国家又分为不包含林业目标但提出林业政策的国家、未涉及林业部门的国家两种类型。共有 49 个国家明确表示未将林业部门纳入其 NDCs 中，其中 15 个国家提出了与林业部门相关的措施或政策，这些国家在 2010 年贡献了全球 LULUCF 净排放量的-4.2%，例如智利、格鲁吉亚。智利提出增加新造林和森林恢复等实现林业可持续发展，从而增加森林碳汇。还有一些缔约方表示到 2020 年再决定是否将林业部门纳入减排目标，例如泰国。目前，泰国的自然资源和环境部正在通过 REDD+ Readiness 研究林业部门减少碳排放的潜力，并探索林业部门减排增汇的机遇与合作。其余 39 个国家完全没有提及林业部门(例如摩尔多瓦、安道尔)，或者仅提及将来把林业部门纳入 INDCs 的可能性(例如韩国、黑山)，这些国家占 2010 年全球 LULUCF 净排放量的比例不足 1%。

二、林业目标对总减排目标的贡献

林业减排是间接减排的主要做法，基于 FAO 数据库的推算，各缔约国提出的 LULUCF 目标对总体自主贡献减排目标的贡献约为 20%~25%，下面分别以典型代表国家为例，评估林业目标对总体减排目标的贡献(表 2)。

表 2　典型国家的 NDCs 总目标与 LULUCF 排放量和消除量

缔约国	参考点（基准年/情境）	目标年份	NDCs 总减排目标（相对于参考点）		LULUCF 排放量(+)和消除量(-)（亿吨 CO_2 e/年）				
			Min	Max	1990	1995	2000	2005	2010
巴西	2005	2025/2030	-37%	-43%	8.4	19.9	13.8	12.1	3.2
印度尼西亚	BAU 2030	2030	-29%	-41%	10.9	10.9	6.8	9.1	9.3
加拿大	2005	2030	-30%	-30%	-0.9	2.0	-0.8	0.2	0.8
印度	2005	2030	①碳排放强度降低 33%~35% ②非化石电力能源占 40% ③增加森林碳汇 2.5 G~3.0 G 吨 CO_2 e		0.1	-1.0	-2.2		-2.5
中国	2005	2030	①碳排放强度降低 60%~65% ②非化石能源占一次能源消费比重达 20% ③碳排放达峰 ④增加森林蓄积量 45 亿立方米		-3.0	-3.9	-4.1	-7.6	-9.9

注：数据来源为各缔约国的国家信息通报、两年更新报告、温室气体清单、FAO 森林资源评估报告。

巴西提出相对于 2005 年，2030 年达到碳排放减少 43%的 NDCs 总排放目标，并提出了相关的林业碳汇减排措施，如保护原始生境、亚马孙流域零非法采伐、对合理减少植被碳排放的行为进行补偿等。根据巴西 2010 年的国家信息通报、2014 年的两年更新报告、2014 年巴西森林参考排放水平报告等资料，通过转换计算分析表明：①2005 年 LULUCF 碳排放总量约 12.1 亿吨 CO_2 e/年，约占总排放量的 58%；②2005—2010 年间，由于森林砍伐造成的碳排放量已经明显下降，下降了约 9 亿吨 CO_2 e/年，约占 2005 年总排放量的 43%；③来自于 LULUCF 的碳排放量将进一步减少，并在 2030 年接近于零，约为-11 亿吨 CO_2 e/年，即相对于 2005 年的碳排放量减少了约 55%。因此，林业减排目标对巴西自主贡献总目标的实现有决定性作用。

印度尼西亚在 BAU 情境下到 2030 年预测碳排放量是 28 亿吨 CO_2 e/年，提出无条件情况下减少 29%碳排放，有条件情况下减少 41%碳排放，并提出了有无条件下林业部门的碳减排量。通过估算与分析表明：①2005 年印度尼西亚 LULUCF 碳排放总量约 9 亿吨 CO_2 e/年，约占总排放量的 65%；②到 2030 年，在无条件和有条件情况下 LULUCF 排放量分别减少约 4 亿吨 CO_2 e/年和 7 亿吨 CO_2 e/年，约占 2030 年 BAU 情境下总排放量的 15%和 24%。因此，印度尼西亚 LULUCF 碳排放量对 NDC 总排放目标的贡献至关重要。

加拿大提出相对于 2005 年，2030 年实现总碳排放量减少 30%。加拿大

NDC 报告中将自然干扰产生的碳排放排除在核算范围之外，而自然干扰对LULUCF 碳排放量的核算具有复杂性和不确定性。基于 2014 年加拿大的国家信息通报、2015 年温室气体清单，估算出在 2030 年 LULUCF 的减排量约为 0.5 亿吨 CO_2e/年，略高于加拿大在京都议定书第二承诺期的 LULUCF 预期减排量。如果 LULUCF 的排放量包含在基准年总排放量中，那么自然干扰造成的碳排放需要在基准年中给予排除。自然干扰的不确定性和 LULUCF 排放量计算的不确定性，都会对 2030 年温室气体排放限额产生很大的影响。

中国和印度分别提出 2030 年碳排放强度比 2005 年降低 60%~65%、33%~35%的强度目标，并分别承诺增加森林蓄积量 45 亿立方米、增加森林碳汇 25 亿~30 亿吨 CO_2e 的自主贡献目标。由于森林碳储量和森林碳汇存在储量和增量、森林初级生产力模拟、林龄结构组成等复杂因素，难以估算出森林碳汇增量对碳排放强度减少的贡献。以印度为例，森林碳汇增量不包含在总碳排放中，并假设森林碳汇增量在 2015—2030 年间逐年累积，这就意味着在 2015—2030 年间平均每年需增加森林碳汇 1 亿~1.2 亿吨 CO_2。

三、对我国更新和实现 NDCs 目标的启示

(一)深入研究林业目标与总减排目标的逻辑关系

我国的自主贡献目标包括强度目标(2030 年单位国内生产总值 CO_2 排放比 2005 年下降 60%~65%)和达峰目标(CO_2 排放 2030 年左右达到峰值并争取尽早达峰)，而林业目标是绝对目标(到 2030 年，比 2005 年增加森林蓄积量 45 亿立方米)。有两个很重要问题需要明确：

一是森林碳汇的增加量是否计入整体的减排目标中。根据中国第一、二、三次国家信息通报以及第一、二次两年更新报告中提交的 1994 年、2005 年、2010 年、2012 年和 2014 年的国家温室气体清单(表 3)，LULUCF 的温室气体吸收汇分别为 4.07、7.66、9.93、5.76 和 11.15 亿吨 CO_2e，LULUCF 碳汇量占总排放量的比例达 4.84%~10.03%，与各缔约国 LULUCF 目标对总体减排目标的平均贡献率 20%~25% 相比，我国森林碳汇具有很大的潜力。在 LULUCF 碳汇量中，森林碳汇占比最大，以 2014 年为例，林地、农地、草地、湿地分别吸收 8.40、0.49、1.09、0.45 亿吨 CO_2，林地的碳吸收量占 LULUCF 碳吸收量达 73%。

二是如果在总碳排放核算中加入森林碳汇，未来森林碳汇的增长路径将会对总排放目标的实现产生很大影响。具体地说，假如森林碳汇的增长在 2030 年之后放缓，意味着其他排放部门在 2030 年继续减排才能实现达峰目标；反之，如果森林碳汇增长在 2030 年之后能够保持持续增长或者维持不变，实现达峰目标只需要其他部门在 2030 年维持排放量即可。因此森林碳汇

表 3　我国温室气体排放总量

年份	总排放量（亿吨 CO_2 e）	LULUCF 碳汇量（亿吨 CO_2 e）	包括 LULUCF 碳汇的总排放量（亿吨 CO_2 e）	LULUCF 碳汇量占总排放量比（%）
1994	40. 57	4. 07	36. 50	10. 03
2005	80. 15	7. 66	72. 49	9. 56
2010	105. 44	9. 93	95. 51	9. 42
2012	118. 96	5. 76	113. 20	4. 84
2014	123. 01	11. 15	111. 86	9. 06

注：数据来源为中国第一、二、三次国家信息通报以及第一、二次两年更新告。

的增长潜力对我国总碳排放量的影响显著，是否计入国家总碳排放量也将深刻影响我国的碳排放战略。

（二）科学评估我国森林碳汇增长的潜力和路径

根据《中国应对气候变化的政策与行动 2019 年度报告》，2018 年我国单位国内生产总值（GDP）二氧化碳排放下降 4. 0%，比 2005 年累计下降 45. 8%，非化石能源消费占一次能源消费比重达到 14. 3%，基本扭转了二氧化碳排放快速增长的局面。2018 年，全国森林覆盖率达到 22. 96%，森林蓄积量达 175. 60 亿立方米，相比于 2005 年我国森林蓄积量 124. 56 亿立方米，增加了 51. 04 亿立方米，我国已提前完成 2030 年森林蓄积量目标。当前，国际国内对中国实现 NDCs 目标充满信心和期待，对中国进一步增加力度、更新并提高 NDCs 目标的舆论压力越来越大。根据《巴黎协定》和缔约方会议决议的要求，中国需要在 2020 年通报或更新 2030 年国家自主贡献目标，并在 2025 年提出新的国家自主贡献目标。因此，要通过充分的野外调查、样地取样测试，对南北方不同地区不同树种的树干基本密度、树干到全林的生物量扩展系数等重要参数进行充分论证，科学、精确地预测未来（至少是 2020—2050 年间）森林碳汇的增长潜力。当前，我国国土绿化由规模速度型向数量质量效益并进型转变，如 2018 年全国共完成造林 726. 7 万公顷、森林抚育面积 866. 7 万公顷。因此，需要对不同情景下（如新造林、不同程度不同模式的森林抚育经营等）的森林碳汇潜力进行模拟预测，从而确定合理的林业目标并制定最优的“增绿增汇”林业政策与行动以确保目标实现。

（三）完善碳市场机制激发集体林碳汇潜力

当前，我国森林资源发展面临不平衡不充分的问题，“增绿增质增效”成为未来增加森林碳汇的主攻方向，以天然林保护、退耕还林、三北防护林等重大工程带动大规模森林资源培育的政策成本越来越高。集体林约占全国林地总面积60%，在集体林权制度改革之后，随着激励机制和种植技术、投入的提高，集体林区的碳汇增长潜力非常可观。因此，应充分发挥市场机制优化资源配置和政策组合，精准评估集体林的碳汇增长潜力和对应的政策成本。完善林业碳汇纳入国家碳排放权交易试点的体制机制，明确将具有生态、社会等多种效益的林业温室气体自愿减排项目优先纳入全国碳排放权交易市场；探索森林碳汇市场化补偿制度，大胆创新产权模式，拓展集体林经营权权能，健全林权流转和抵押贷款制度，吸引国企、民企、外企、集体、个人、社会组织等各方力量投入到林业碳汇行业。

（资料来源：UNFCCC. All NDCs submitted 2019；FAOSTAT（2015）. Land use emissions；FAO-FRA 2015 Country reports；Assessing the INDCs' land use, land use change, and forest emission projections 等；编译整理：周戬、陈雅如、赵金成、李想、王砚时、张佳楠；审定：李冰）

第三节
土地退化

《联合国防治荒漠化公约》第十四次缔约方大会综述

2019 年 9 月 2—13 日，《联合国防治荒漠化公约》(UNCCD)第十四次缔约方大会(COP14)(以下简称“会议”)在印度新德里举行，主题为“投资土地，开启机遇”(Investing in land，unlocking opportunities)。来自公约缔约国、相关国际机构及非政府组织的 8000 多名代表出席。会议就公约治理、强化履约、《2018—2030 年战略框架》落实，以及干旱、土地权属(land tenure)、沙尘暴及荒漠化等议题通过 30 多项决议。本文对大会取得的主要成果进行概要介绍，以供参考。

一、成立国际“防治沙尘暴联盟”

沙尘暴对人类健康、环境和世界许多国家关键经济部门造成破坏性影响。9 月 6 日，会议发起了一个新的全球“防治沙尘暴联盟”(Sand and Dust Storms Coalition)，旨在协调联合国各机构的努力，以有效防治沙尘暴并减少重复工作。联盟成员包括 UNCCD、联合国开发计划署(UNDP)、联合国环境署(UNEP)、联合国粮食及农业组织(FAO)、世界卫生组织(WHO)、世界银行、世界气象组织(WMO)等机构。

联盟目标包括以下内容：一是做好全球响应沙尘暴的准备，包括战略和行动计划，这会促使制定出联合国全系统应对沙尘暴的方法，确定切入点来支持受沙尘暴影响的国家和地区针对沙尘暴而实施跨部门和跨边界降低风险和应对措施；二是为促进与伙伴合作以及加强受影响国家与联合国系统各机构在全球、区域和次区域层面的对话与合作，提供相关论坛；三是为交流知识、数据、信息和技术与资源提供共同平台，以加强备灾措施和减轻风险战略、综合归并政策、创新解决方案、开展宣传和能力建设工作以及采取筹资举措；四是确定、筹措和促进获得财政资源用于联合应对沙尘暴。

联盟将设 5 个工作组：预报和早期预警，包括 WMO 与 UNEP；健康和安全，包括 WHO 与 WMO；政策和治理，包括 UNCCD 与 UNEP；调解和区域协作，包括亚太经济社会委员会、联合国欧洲经济委员会及其他区域委员会；适应和减缓，包括 UNDP、UNCCD、FAO 和西亚经济社会委员会。

二、推出“干旱工具箱”

9 月 11 日，UNCCD、FAO、全球水伙伴关系（GWP）和 WMO 共同组织，专门讨论了干旱这一主题，介绍和讨论了全球支持对抗干旱的现有工具、方法及政策的成功与挑战，宣布启动全新的 UNCCD 在线互动“干旱工具箱”（Drought Toolbox）。

“干旱工具箱”的推出为缔约方国家提供了一个切实可行的互动平台，以制定各国干旱计划并转向更为积极主动的干旱管理办法。该工具箱由 UNCCD 开发并作为抗旱倡议的一部分，通过与 WMO、FAO、GWP、内布拉斯加州大学国家干旱缓解中心（NDMC）和 UNEP-丹麦水资源及水环境研究所（UNEP-DHI）间的密切合作，使抗旱利益攸关方能够更加便捷地获得相关工具、案例研究以及其他资源，提高人类和生态系统对干旱的抵御能力。

三、签署《新德里宣言》

9 月 14 日，会议签署了 UNCCD《新德里宣言》（*New Delhi Declaration*），主要议题包括：一是鼓励地方、国家和区域各个层面开发对性别问题敏感的、社区推动的变革性项目和方案；二是鼓励采取积极措施，执行干旱应对计划和缓解干旱与沙尘暴的风险，减少荒漠化/土地退化和干旱的风险与影响；三是邀请发展伙伴、国际金融机制、私营部门和其他利益攸关方为执行《公约》和实现土地退化中立，而增加投资和技术支持，创造绿色就业机会，为来自土地的产品建立可持续的价值链；四是促进支持《巴黎协定》的长期目标，制定雄心勃勃的 2020 年后全球生物多样性框架；五是支持联合国生态系统恢复十年计划（2021—2030 年），承诺采取以科学证据和传统知识为基础的最佳做法进行土地恢复，为弱势社区带来希望，并邀请各利益攸关方参与并扩大不同层面的举措；六是加快实施支持萨赫勒地区“绿色长城”等转型举措，为参加国带来的好处；七是重视“和平森林倡议”(Peace Forest Initiative)的启动及其对促进在土地退化中立方面加强合作的潜在贡献；八是为实施《公约》和促进可持续土地管理，更好地获取、控制与管理土地，以及平等的土地使用权；九是鼓励地方政府采取综合性的土地利用管理措施，加强土地治理，以恢复使城市可持续发展的自然资源基础；十是支持印度采取各种针对土地退化中立的举措，支持印度提议一项自愿的土地退化中立目标。

（摘译自：UNCCD官网和中科院网站等；编译整理：李想、陈雅如、赵金成、王砚时；审定：李冰、王月华、周戡)

第四节

生物安全

美国生物安全治理经验

——以野生动物保护管理为例

20 世纪以来，全球范围内多次爆发大型传染病、外来物种入侵等生物安全事件，对经济社会造成了严重危害。就国内看，从非典疫情爆发到禽流感和非洲猪瘟入侵，再到此次新冠肺炎疫情出现，反映出我国在生物安全及野生动物保护方面存在不足，对我国国家生物安全治理体系和治理能力提出了多维度、全方位的挑战。习近平总书记明确强调，要全面研究全球生物安全环境、形势和面临的挑战、风险，深入分析我国生物安全的基本状况和基础条件，系统规划国家生物安全风险防控和治理体系建设，全面提高国家生物安全治理能力。要加强法治建设，认真评估传染病防治法、野生动物保护法等法律法规的修改完善，还要抓紧出台生物安全法等法律。本文以野生动物保护管理为例介绍美国生物安全治理经验，以期为我国生物安全治理和野生动物保护管理提供借鉴参考。

一、基本概念

生物安全(Biosecurity)这一概念最早出现于二十世纪九十年代末，主要是应对生物恐怖主义的威胁，特别是现代生物技术的高速发展对生态环境、人体健康造成潜在威胁，需要对其采取一系列措施加以防范。我国对生物安全的定义为，由现代生物技术开发和应用对生态环境和人体健康造成的潜在威胁，及对其所采取的一系列有效预防和控制措施。也有专家认为，生物安全是指与生物有关的因子对国家社会、经济、公共健康与生态环境所产生的危害或潜在风险等。国际上普遍认为生物安全是一套降低传播传染病风险的预防措施，旨在减少农作物和牲畜、检疫性有害生物、外来入侵物种和改性活体生物带来的威胁①。

二、美国的基本策略和经验

美国高度重视生物安全，已经形成了系统的生物安全国家战略规划。2004 年发布了《21 世纪生物防御》，提出美国生物防御国家框架，确立了风险评估、预防保护、监测检测、响应恢复四大生物防御目标，针对生物武器、生物威胁、生物溯源和生物医学问题，提出生物防御应对计划和灾害救治机制。2009 年发布的《应对生物威胁国家战略》，确定了联邦政府、地方政府的角色与职责，提出了促进全球卫生安全、提高生物安全责任意识、提高科技识别生物风险能力、防止生物技术丢失或滥用、提高生物风险预防和应对能力、加强各部门间沟通联动和加强国际合作的七大未来发展目标。该战略强调生物技术安全，提出要通过科学研究提高生物防御能力。2018 年进一步发布了《国家生物防御战略》，该战略成为美国第一个系统性应对各种生物安全威胁的国家级战略，强调"全领域"开展生物安全治理，针对生物武器、生物恐怖主义、突发传染病、实验室事故等生物安全风险，提出增强生物防御风险识别能力、确保生物风险预防和检测能力建设、做好生物风险应对准备工作、建立生物风险迅速响应机制和促进生物事件后恢复工作五大战略目标②。

此外，美国重视生物安全法律体系建设，自提出生物安全概念以来，出台了多部生物安全相关法律法规，包括《生物反恐法案》《公共卫生安全与生物恐怖主义预警应对法案》《公共卫生与医学准备预案》《生物盾牌计划法案》等，为生物安全防范、生物恐怖主义、生物安全药物研发、公共卫生防御等领域提供法律保障。美国还建立了较为完善的生物安全机制，包括生物安全研究和智库支持机制、信息系统建设和生物技术成果转化机制。

野生动物保护作为美国生物安全的重要内容之一，其法律体系和制度建设经过近百年发展已形成较为完备的法律和制度体系。1900 年国会通过了美国第一个野生生物保护的联邦法律，即雷斯法案(Lacey Act)。目前，涉及野

---

① 引自 Thomas V Inglesby, D A Henderson. Biosecurity and Bioterrorism: Biodefense Strategy, Practice, and Science. A decade in biosecurity. Introduction[J]. Biosecurity & Bioterrorism Biodefense Strategy Practice & Science, 2012, 10(1): 5.

② 王会芝：发达国家生物安全风险防控与治理．中国社会科学网．2020.

生动物保护管理的法律已有约170部[①]，包括针对候鸟、鱼类、野生动植物和外来物种等的具体物种专门保护的法律，促进野生动物栖息地生态环境保护的法律，以及规范野生动物保护基金的设立和使用的法律。核心法律是濒危物种法案(Endangered Species Act)、鱼类与野生动物协调法(Fish and Wildlife Coordination Act)等，核心制度则包括栖息地保护制度、野生动物保护税费制度和野生动物保护志愿者制度等。

(一)核心策略与法律

1.《国家生物安全防御战略》

2018年9月18日，美国联邦政府发布《国家生物防御战略》(National Biodefense Strategy)。该战略是美国首个全面解决各种生物威胁的国家战略，由美国国防部、卫生与人类服务部、国土安全部和农业部共同起草和实施，并成立一个新的内阁级生物防御指导委员会，通过监督、协调15个联邦政府机构和情报界工作，来评估和打击针对美国的生物威胁。该战略提出5个目标：增强生物防御风险意识、提高生物防御能力、做好生物防御准备、建立迅速响应机制和促进生物事件后恢复工作。战略同时提出，美国政府将首次全面评估生物防御需求并持续监测国家生物防御战略的实施情况，以确定政府应优先考虑的生物防御资源和行动。这是美国政府首次计划监测自然发生的生物威胁，例如流行性感冒等病原体的暴发以及其他有可能大规模威胁人类、动物和农业生产的传染病。

2.《濒危物种法案》

1973年12月，美国国会通过《濒危物种法案》，法案根据物种濒危程度分类制定了相应恢复计划，体现了濒危物种优先原则、豁免申请机制、生态评价机制、公众参与制度与公众诉讼制度的先进立法理念，赋予了美国政府定义濒危物种的权威和迅速采取行动拯救濒危物种的权力。该法案在濒危野生动物保护工作中体现了"濒危物种高于一切经济利益"的理念，国会明确指出，经济利益不得作为衡量物种是否濒危以及拟确定关键栖息地的标准，无差别保护所有的物种，将经济价值小而花费大的物种和经济价值大且花费小的物种一视同仁地加以保护。

《濒危物种法案》自生效以来在保护物种方面取得了巨大成功。据2006年进行的一项分析结果显示，使得多达227个美国物种免于灭绝，超过90%的被列入濒危物种名单的物种数量趋于稳定或者状况得到改善，一些物种甚至有希望达到科学家们设置的恢复目标。

---

① 详见美国鱼类和野生动物局官网 https://www.fws.gov/laws/lawsdigest/Resourcelaws.html.

3.《鱼类与野生动物协调法》

1934年，美国制定了《鱼类与野生动物协调法》，政府拨款对联邦土地予以保护并对野生生物开展研究①。在水资源发展项目中，鱼类与野生动物管理局可以就该项目对鱼类和野生动物的影响进行评估，以达到保护鱼类和野生动物的目的。该法授权美国农业和商务部长协助联邦和各州保护野生动植物资源并研究生活污水和工业废水等污染物对野生动植物资源的影响；鼓励大坝建筑机关在修建大坝前与渔业局协商，评估大坝的修建对鱼类的潜在影响；规定联邦与州合作保护和恢复野生生物，建议将联邦土地作为野生生物的栖息地。该法还要求有关部门对野生动植物保护区给予和水资源发展项目同等的重视。

此外，内政部长应在法案实施过程中提供相应的协助并配合联邦、州、公共或私人机构或组织开发，保护和饲养所有种类的野生动物和野生动物资源及其栖息地；控制由于疾病或其他原因引起的野生动物的伤亡；最小化由于物种过多引起的损害；提供包括具有公共土地地役权的狩猎区和捕鱼区；实施其他必要的措施。内政部长有权对包括土地和水域在内的公共领域内的野生动物进行研究调查；接收用于促进该法案实施的土地捐赠及资金捐赠。为了使鱼类与野生动物资源得到重视，鱼类与野生动物管理局在执行这类计划时要与地方相关机构进行协商，以评估计划的实施对鱼类和野生动物资源的影响。联邦机构应采取一切可行措施减少可能对鱼类及野生动物资源造成的危害。每当一个水域的水体或渠道被联邦机构或需要联邦许可的任何其他实体修改时，都必须充分考虑保护、维持和管理野生动物资源及其生存环境。

（二）核心制度

1. 生物安全研究和智库支持机制

美国建立了完整的生物安全研究基础设施网络，包括生物国防研究中心、生物安全实验室、生物防御与安全研究机构、生物安全研究园区等科研机构，支持不同层面和领域的科学研究，其中隶属联邦、州、学术机构和私人机构的高等级生物安全实验室达1300多个。此外，美国通过政府部门与企业机构的合作，构建了包括生物医学、生物化学、军事医学在内的生物科技融合发展模式，有效推动了生物安全技术的研发应用。同时，美国还成立了国家生物防御分析与对策研究中心、美国生物防御科学委员会、美国生物医学高级研究和发展署等智库机构，为国家生物安全相关研究和战略规划提供科学有效的智力支持。

① 张立雅．浅析美国《鱼类与野生动物协调法》[J]．现代交际，2018，No.483(13)：47-48.

2. **信息系统建设和生物技术成果转化机制**

美国充分利用现代信息技术提高国家生物安全建设能力，运用大数据、地理信息系统、模型仿真技术等建立了国家生物安全信息系统，有效开展生物风险评估、预警与响应。此外，美国重视生物安全科技成果转化，加强基础研究、应用技术研究和产业化的统筹衔接，着力打造以企业为主体，以生物产品产业化为抓手，高校、科研院所、行业协会等多方共同参与的科技创新体系。自 2006 年起，美国开始实施“转化医学技术倡议”，进一步推动科研成果的转化应用，为国家生物安全防控提供了有力支撑。

3. **生物安全与野生动物栖息地保护制度**

栖息地是野生动物赖以生存繁衍的基础及根本，栖息地环境和生态平衡一旦遭到破坏，野生动物可能面临灭绝，影响生物安全。美国颁布了一系列涉及野生动物栖息地保护的法律，如《赛克斯法案》《岸堤资源法案》《荒野保护法》、《湿地保育法》等，逐步实现野生动物栖息地保护法制化。该制度有三个重要维度。

一是清晰界定重要栖息地，即指该物种占有地理区域以内的特定地域和以外的特定地域，以内的特定区域能够满足保护物种生存所必需的条件并应在管理方面给予特殊的考虑和保护；以外的特定区域是由政府划出的为保护某种物种所必需的非其原占有性区域。

二是建立栖息地保护区。美国通过建立国家公园，划分国家森林、自然保护区、国家纪念地、野生动物保护区等途径限制或禁止人们在这些地区的生产经营活动，为野生动物创造良好的生存环境。

三是协商保护。为了实现法律的禁止性规定和私人财产权利之间的平衡，美国建立了协商保护程序。协商保护程序就是政府与非政府组织或个人等多方利益相关体就土地使用保护进行协商，相互切磋让步妥协，最终达成折中的协议，实现私有土地财产权保护和野生动物保护双赢的局面。

4. **生物安全税费制度**

美国生物安全税费制度主要体现为野生动物保护资金由美国财政拨款、慈善组织捐款以及相关的野生动物基金支持。其中财政拨款是最主要的来源。2014 年美国鱼类及野生动物管理局获得 11 亿美元野生动物保护专项财政拨款。而这些拨款主要来自于狩猎者、捕鱼者、休闲划船者和目标射击者购买运动器材时所缴纳的消费税，也有小部分来自于狩猎和捕鱼许可证费用收入。

此外，美国颁布了多部制定法拓宽野生动物保护税收资金渠道。最典型的是《候鸟狩猎印花税法案》(美国联邦鸭票计划)，该法案规定每位 16 周岁以上的狩猎者除了要办理美国联邦水禽渔猎证之外，每年至少要购买一枚美国鸭票贴在执照上才能合法打猎。联邦鸭票所得款项用于承租或购买水禽的

"寄居所"，为保护水禽栖息地提供了充足资金。美国的野生动物许可证费用收入也为政府拨款提供了支撑，还通过对狩猎者征收狩猎武器弹药11%的消费税实现野生动物保护资金的增加。

5. 生物安全和野生动物保护志愿者参与制度

美国政府建立了比较完善的志愿者制度，长期提供志愿者招募计划和项目机会①。以美国俄勒冈州为例，该州的志愿者招募计划由州鱼类及野生动物管理局负责，志愿者服务项目的使命是为当代和后代能持续享受野生动物资源而提供保护并积极参与。志愿者的具体要求包括，数千小时的志愿服务，倡导并支持保护俄勒冈州自然资源，支持鱼类和野生动物保护计划，积极参与自然资源管理活动等。州鱼类及野生动物管理局分类提供项目计划的任务和工作内容，包括诸如志愿者房车项目、猎人教育计划、户外技能教育计划等各方面的志愿者服务项目，为民众参与志愿者计划提供了丰富的机会和多样的选择。

三、对我国的启示

美国生物安全体系特别是野生动物管理和保护制度，对我国生物安全体系的构建和完善有如下启示：

一是进一步完善生物安全法律体系。美国的经验表明，仅靠一部法律难以保障生物安全，必须建立多部法律协同保护的体系。2019年10月，我国生物安全法草案已提请全国人大常委会审议，草案内容涉及防控重大新发突发传染病、动植物疫情、研究、开发、应用生物技术、保障实验室生物安全、防范外来物种入侵与保护生物多样性、保障我国生物资源和人类遗传资源的安全、应对微生物耐药、防范生物恐怖袭击、防御生物武器威胁等多方面内容。因此必须处理好生物安全法与《野生动物保护法》《森林法》《草原法》《传染病防治法》《检验检疫法》《海关法》等现存专门立法的关系，以及即将出台的《国家公园法》等生态保护法律方面的关系。

二是将野生动物保护纳入生物安全体系。美国生物安全体系较为完善，野生动物得到有效保护，保护野生动物是保障生物安全的重要基础。多年来，我国开发建设与维护生物多样性的矛盾较为突出，严重威胁着生物安全。因此应完善修改《野生动物保护法》，将所有野生动物纳入保护范围，在实行普遍保护的基础上，推进分级分类保护，根据不同物种的珍贵、濒危程度等因素，综合确定是否需要进行重点保护；调整完善野生动物名录制度，对人工繁育国家重点保护野生动物名录予以严格限定；开展野生动物栖息地现状调

---

① 王昱，李媛辉．美国野生动物保护法律制度探析[J]．环境保护，2015，43(2)：65-68.

查评估，充分掌握栖息地，面积、种群数量、植被状况等，建立野生动物栖息地信息系统。另外，应不断完善自然保护地体系，加强国家公园、自然保护区等野生动物重要栖息地的管理。

三是加大科技创新，有序扩大社会公众参与。美国的生物安全体系依托其强大的科技创新能力建立，科研机构和智库对美国生物安全体系贡献良多。此外，其社会组织和志愿者在生物安全特别是野生动物保护过程中作用很大，社会参与形成了浓厚的保护氛围，提高了大众的生物安全意识和野生动物保护意识。我国也应加强生物安全技术的创新研发，建立包含防范外来物种入侵与保护生物多样性、动植物疫情、生物技术、生物资源和人类遗传资源的安全、应对微生物耐药、防范生物恐怖袭击等内容的数据库和综合信息平台，为决策提供有效依据，另一方面，生物安全涉及广泛，仅靠政府力量，很难实施全方位的有效监管，公众和社会组织是非常重要的补充力量。因此建议参考借鉴美国的志愿者机制等，鼓励和支持保障公众通过多种途径积极参与生物安全特别是野生动物保护。

（综合摘译自：NATIONAL BIODEFENSE STRATEGY，美国鱼类和野生动物管理局等网站；编译整理：李想、赵金成、陈雅如、王砚时；审定：李冰、周戢）

发达国家生物安全管理体系介绍

2020 年 2 月 14 日，习近平总书记主持召开中央全面深化改革委员会第十二次会议并发表重要讲话。他强调，要从保护人民健康、保障国家安全、维护国家长治久安的高度，把生物安全纳入国家安全体系，系统规划国家生物安全风险防控和治理体系建设，全面提高国家生物安全治理能力。本文重点介绍澳大利亚、新西兰等发达国家的生物安全管理体系，为我国生物安全管理提供借鉴参考。

一、国际生物安全管理体系

（一）管理依据

国际社会十分重视生物安全的管理，其管理体系主要由公约和协定构成。1992 年联合国环境与发展大会制定了包括生物安全内容在内的综合性条约

《关于环境与发展的里约宣言》、《21 世纪议程》和专门性条约《生物多样性公约》。之后为了落实《生物多样性公约》，其成员国于 2000 年制定了《生物多样性公约》的卡塔赫纳生物安全议定书(以下简称《生物安全议定书》)，我国于 2005 年核准加入。其中，《生物多样性公约》和《生物安全议定书》是国际生物安全管理体系中的纲领性文件。

《生物多样性公约》于 1992 年通过，1993 年正式生效，现有近 200 个国家批准加入。生物多样性公约是一项有法律约束力的公约，旨在保护濒临灭绝的植物和动物，最大限度地保护地球上的生物资源，以造福于当代和子孙后代。公约第 19 条规定，缔约方应该考虑是否需要一项议定书，规定适当程序，特别包括提前知情协议，适用于可能对生物多样性保护和持续利用产生不利影响的生物技术改变的任何活生物体的安全转移、处理与使用，并考虑该议定书的形式。这条规定成为了《生物安全议定书》的制定依据。

在生物多样性公约的基础上，经过多轮讨论谈判，《生物安全议定书》于 2003 年正式生效。它由序言、40 条正文和 3 个技术附件构成[①]。正文的主要内容包括议定书的目标、适用范围、风险评估、风险管理、标识、国家主管部门、国家联络点生物安全信息交换所、能力建设、赔偿责任和补救以及财务机制等。阐述了可能对生物多样性产生负效应的特别是通过越境转移的改性活生物体(living modified organisms)的安全转移、处理及利用，确定了预先通知协议和进口改性活生物体的程序，包括预防性原则、具体信息及文件要求等。上述内容为国际生物安全管理以及各国构建生物安全管理体系提供了法理依据。

(二)基本原则

生物安全管理的主要原则是：风险预防、国际合作、无害利用、谨慎发展[②]。贯彻风险预防原则最成功的范例是 1973 年《濒危野生动植物物种国际贸易公约》，公约实质是为了保护全球的生物安全。降低某一物种的保护级别或者取消对某一物种的保护，建议人必须有充分的证据证明该物种不需要被保护或者可以降低保护程度。否则，就不能降低对物种的保护程度。而要维持对某一物种的保护程度，则不需要提供任何证明。

风险预防原则之所以成为生物安全国际法的基本原则之一，是由生物安全问题本身巨大的风险性及其后果的严重性所决定的。由于生物安全与生物最本质的性质、物种的生存和繁衍甚至与人类的生命健康密切相关，其风险性之大为国际社会所共同关注；同时，一旦生物安全风险转化为现实，其后果

---

① 引自联合国官网 https://www.un.org/zh/documents/treaty/files/cartagenaprotocol.shtml.

② 王灿发，于文轩．生物安全的国际法原则[J]．现代法学，2003(04)：126-137.

往往又是非常严重的，甚至是不可逆转的。

生物安全管理中，国际合作是指在转基因植物、抗除草剂转基因作物、植物用转基因微生物及其产品、转基因动物及其产品、兽用基因工程生物制品、转基因水生生物及其产品、转基因食品以及医药生物技术及其产品等领域中，各国均应采取必要的措施，与有关国家和国际组织密切合作，以最大限度地确保生物安全国际法所确立的生物安全保护目标的实现。国际合作重点体现在信息交流、技术支持、财政援助、能力建设、惠益分享和风险抵御等六个方面的实现机制。国际合作的成功案例包括食用野生动物及人工繁殖的动物而引起的生物安全问题，例如2003年的SARS等。

无害利用是指各国在引进外来物种、生物技术研究和开发、生物技术产品的生产和贸易过程中，应尽量避免对当地物种、生态系统以及人类健康所造成的危害，同时亦应尽量避免人类活动对生物安全所产生的威胁和有害影响。主要体现为两个方面：一是避免人类活动（如国际贸易等）对特定地域（包括主权国家、地区和两极地区）的生物安全可能造成的危害；二是避免有关生物技术及其产品对特定地域的生态系统以及人类健康可能造成的危害。欧盟是将无害利用原则融入生物安全管理体系最为彻底的地区，明确规定，生物技术领域的发明应尊重公共秩序和公共道德。

谨慎发展是指各国在发展生物技术、进行生物技术的应用和市场化时，不应仅基于该技术在未来可能带来的经济效益，而应同时充分考虑该技术可能带来的一系列负面影响，其中包括生物技术及其产品本身的缺陷、可能带来的环境风险以及对人类健康的威胁等。

二、发达国家生物安全管理体系的构成

（一）澳大利亚

澳大利亚是世界最发达的畜牧业国家，有着独特的生物资源，对生物安全高度重视，生物安全管理体系较为完善①。核心机构是国家生物安全委员会（National Biosecurity Committee，简称NBC），该委员会根据《政府间生物安全协定》（Intergovernmental Agreement on Biosecurity，简称IGAB）向澳大利亚农业高级官员委员会提供关于国家生物安全的建议（Agriculture Senior Officials Committee），澳大利亚所有州和领地均签署了该协定及修正案②。委员会的目标是最大程度地减少有害生物和疾病对澳大利亚经济、环境和社区的影响，

---

① 中国生物安全法制化管理赴澳大利亚考察团．澳大利亚生物安全研究与法制化管理考察总结[J]．生物法律，2003(3)：49-53.

② 引自https：//www.agriculture.gov.au/biosecurity

制定全国性的战略措施，有效管控澳大利亚境内外动植物、人、货物等流动带来的风险。

国家生物安全委员会由动物健康委员会、植物健康委员会、海洋害虫委员会、环境和入侵物种委员会、国家生物安全共同体网络等5个分支机构组成。此外还根据实际需要，不定时成立专家组和短期特别任务组，以提供相关建议和制定计划。农业、水和环境部(Department of Agriculture, Water and the Environment)部长任国家生物安全委员会主任，委员会其他成员还包括澳大利亚国家、州和领地的环境机构高级官员，每个辖区最多可有两名代表，同时可邀请澳大利亚动物健康局，澳大利亚植物健康局和澳大利亚地方政府协会作为观察员。当前委员会共有13名成员，由农业、水和环境部、环境和能源部、新南威尔士州、维多利亚州等中央和地方部门共同组成。委员会每年召开三次全委会，讨论解决生物安全的重大问题。该委员会成立以来主要做了以下五方面的工作。

一是召开生物安全圆桌会议(Biosecurity Roundtable)，核心议题是讨论交流澳大利亚生物安全形势与问题。首次会议于2008年7月召开，之后每年召开一次。

二是制定生物安全国家战略，即国家环境与社区生物安全研究、开发和推广战略(National Environment and Community Biosecurity Research, Development and Extension Strategy)，该战略于2016年3月通过，主要目标是从成本效益分析的角度推行环境和社区生物安全研究与开发。

三是调整国家生物安全应对小组(National Biosecurity Response Team Arrangements 2017-2019)，该小组成立于2003年，主要作用是应对以动物病害为主的突发生物安全事件。此次调整拓宽了应对范畴，将植物、海洋生物和生态环境等的生物安全突出事件纳入其中。

四是批准入侵植物和动物优先控制计划(National RD&E Priorities for Invasive Plants and Animals 2016-2020)，近年来入侵物种对澳大利亚经济影响较大，每年造成损失高达近70亿澳元。该计划建议扩大投资，建立多机构的广泛合作以应对日益严重的物种入侵。

五是通过国家生物安全研究、发展和推广优先计划(National Biosecurity Research, Development & Extension (RD&E) Priorities)，优先计划将为生物安全提供更加统一的研究重点，并支持国家生物安全研究成果转化。优先计划重点是数据和情报(防止外来病虫害侵入澳大利亚)、监测和诊断(了解和量化病虫害的影响)、治疗和恢复(证明没有病虫害)、风险和决策工具(改进决策工具和风险分析)、常规监测(管理澳大利亚已存在的病虫害)、沟通协调，社区态度和意识(采用最佳实践的社会经济驱动力)等。

(二)新西兰

新西兰的生物安全体系包括完善的立法、强有力的管理体制、高效的部门之间的协调与运作、科技研究与适度的投资、公众高觉悟的生物安全意识、政府的教育、广泛的公众参与、强有力的全球和区域关系等方面的主要内容①。

多部门参与是新西兰生物安全管理体系的基础。新西兰生物安全责任由中央政府、地方政府和产业机构共同分担。中央政府的生物安全机构有4个：农林部(MAF)、保护局(DOC)、渔业部(M Fish)和卫生部(MoH)。这些机构共同向负责生物安全的内阁大臣递交国家生物安全计划，农林部的生物安全管理局负责协调他们的行动。地方委员会和产业机构则不同程度地参与各地方和部门的有害动植物管理计划的制订。

农林部是新西兰生物安全管理体系的中枢核心，全面管理新西兰生物安全体系②。为此，农林部设置了森林管理局、生物安全局和食品安全局以及生物安全标准小组、监督小组和出口小组等6个专门小组。具体职能包括，监督中央政府机构、地方委员会、产业和团体组织实施的生物安全活动；协调有害生物管理，确保所有生物安全决议都要考虑生物安全成果，包括经济、环境、社会和人类健康价值；管理《生物安全法》并维持生物安全的法规框架；管理新西兰边境的生物安全风险；制定国家计划、实施各项活动来提高公众意识、鼓励公众参与和对生物安全的支持等。

卫生部在管理生物安全健康风险方面起重要作用，保护局负责管理所有种类的有害物或疾病，渔业部的职能是管理任何可能损害渔业的可持续利用的生物体，生物安全委员会则主要负责协调上述四个政府机构与地方委员会的各种活动。此外，环境部、环境风险管理局等中央机构有一定的生物安全管理职能。

地方政府负责控制其管理范围之内的有害生物，同时协调与提供生物安全服务。新西兰的16个地方当局都制定并通过了地方有害物管理战略。产业机构既是生物安全政策、法规、决议的被影响者，又是这些法规、政策的执行者。它们主要负责自己产品的生物安全并缴纳相应的税费。

高效的部门协调是新西兰生物安全管理体系较为完善的根本保障。为加强各机构之间的分工协作，新西兰政府发布了三个《谅解备忘录》，用来协调农林部、保护局、卫生部与渔业部的生物安全管理工作。农林部负责领导与协调政府的整个生物安全计划，渔业部、保护局和卫生部就各自分管的生物

---

① 李建勋，秦天宝，蔡蕾．新西兰的生物安全体系及其借鉴意义[J]．河南省政法管理干部学院学报，2008，23(2)：140-147.

② 李建勋，蔡蕾．新西兰生物安全体系概述[J]．环境保护，2007(11B).

安全工作提出建议，帮助形成综合性的风险管理框架。此外，新西兰还建立了生物安全行政首脑论坛（CES FORUM），生物安全顾问委员会（BM AC）和生物安全中央-地方政府论坛（BCR FORUM）三个有效的协调机制，进一步强化中央与地方，以及各部门间协调与合作。

（三）英国

英国将生物安全视为国家安全的重要组成部分，重点工作是保护英国免遭蓄意的生物攻击，避免动植物疾病导致的流行病爆发，降低其对经济、环境和社会的负面影响。英国生物安全管理体系主要由 14 个部门代表组成的管理委员会（cross-government director-level governance board）负责，包括环境、食品和农村事务部（Department of Environment，Food & Rural Affairs）、健康和社会关怀部（Department of Health and Social Care）、内务部（Home Office）、国家安全战略联合委员会、国防部等，内阁办公室下属的民事应急处（Civil Contingencies Secretariat）负责协调各部门。

管委会于 2018 年 8 月发布首个《生物安全战略》。战略评估了生物威胁的三大风险，即自然疫情、实验室事故和蓄意攻击，并提出应对风险的四大支柱，即认识、预防、监测和应对。战略强调英政府应加强内部协调，积极支持生物科技发展，推进国际合作，防范和应对潜在生物威胁与风险。

（四）日本

日本生物安全管理所涉及的部门主要是农林水产省、通产省、厚生省和文部科学省（原科学技术厅）①。农林水产省依照《农、林、渔及食品工业重组 DNA 准则》负责管理转基因生物在农业、林业和食品工业中的应用，包括在本地栽培的转基因生物，或进口的可在自然环境中繁殖的这类生物体；用于制造饲料产品的转基因生物。厚生省依照《遗传工程体工业化准则》，负责对重组 DNA 技术生物药品和食品的管理。通产省依照《遗传工程体工业化标准》，对将重组 DNA 技术的成果应用于工业化活动进行管理。文部科学省依据《重组 DNA 实验准则》，主要负责试验阶段的重组 DNA 研究。

2019 年 6 月，日本发布《生物战略 2019——面向国际共鸣的生物社区的形成》，展望“到 2030 年建成世界最先进的生物经济社会”，提出要加强国际战略，并重视伦理、法律和社会问题。

三、对我国的启示

发达国家生物安全管理体系对我国可能具有如下启示：

一是建立以野生动植物主管部门为核心、多部门协调配合的生物安全管

① 聂鑫．国际公约、政策、法律、管理——生物安全比较研究[C]// 2014.

理体系。发达国家的经验表明，当前生物安全的管理模式主要有两类，一是成立跨部门的管委会(澳大利亚、英国)，二是主要部门牵头主管(新西兰、日本)，两种管理模式共同之处都是为了加强对野生动植物的有效管理，野生动植物的管理部门(澳大利亚农业、水和环境部、新西兰农林部、英国环境部、日本农林水产省)在管理体系中处于首要或核心地位。因此，我国生物安全管理体系建设应充分学习借鉴上述经验，无论采取何种模式，将野生动植物主管部门作为生物安全管理体系的核心，加强对野生动植物的保护管理，特别是对野生动植物可能造成的疫病风险进行评估防控，进而制定有针对性的管理措施。

二是建立高效的生物安全协调机制。由于生物安全管理涉及多部门协作，因此发达国家均建立了中央和地方多部门共同参与的协调机制，定期召开会议，讨论解决生物安全问题，英国更是将生物安全作为国家安全的重要组成部分，直接由内阁办公室领导协调机制。我国幅员辽阔，各地情况不同，区域差异大，因此也应建立制度化的生物安全协调机制，成员单位应包括国防部、外交部、科技部、生态环境部、自然资源部、农业农村部、中科院等中央单位以及各省(自治区、直辖市)、市、县生物安全管理部门，实现“纵向到底、横向到边”的无死角管理。将生物安全纳入国家安全体系，定期向国家安全委员会汇报生物安全工作进展。同时成立生物安全协调机制办公室，负责处理协调日常事务。

三是制定生物安全战略规划。发达国家在理顺生物安全管理体制后，均制定了生物安全战略，明确短期和中长期的生物安全的目标任务、重点工作等。我国在加快推进出台《生物安全法》、明确主管机构、建立协调机制后，应抓紧制定生物安全战略规划，加强生物安全管理和协同创新，全面推进国家生物安全治理体系和治理能力现代化。

四是加强与发达国家在生物安全管理方面的合作交流。发达国家生物安全管理起步早、谋划深、经验多，加之国际合作已是现代生物安全治理的基本原则，我国应加强与澳大利亚、新西兰等生物安全管理体系成熟完善国家在动植物疫病防控等方面的交流，学习技术、积累经验、加强管理，培养富有国际视野和专业背景的生物安全管理人才，为我国生物安全管理体系的逐步完善奠定基础。

(综合摘译自：UK Biological Security Strategy，National Biosecurity Committee 等；编译整理：李想、赵金成、陈雅如、王砚时；审定：李冰、周戡)

第三篇

林草公约动态和报告

联合国粮农组织发布世界干旱地区树木和森林创新评估报告

近日，联合国粮农组织(FAO)在第二十五届联合国气候变化大会高级别森林会议上发布了世界干旱地区树木和森林创新评估报告。报告由200多位专家共同撰写，并与全球的合作大学、研究机构、政府和非政府组织共同组织了一系列区域研讨会，从全球20多万样地中获得相关信息。报告认为，干旱地区不是荒地，而是具有可观的经济潜力和环境价值的生产性景观。

一、主要内容

报告包括有关全球和各地区土地利用和森林覆盖的大量数据，是对FAO《全球森林资源评估》的补充，借助FAO的在线地球数据收集程序“Open Foris Collect Earth”，对免费卫星图像进行视觉解释后生成的。评估所提供的高分辨率遥感图像解释可以帮助政策制定者确定最佳的投资策略，以更好地应对土地退化和荒漠化、保护生物多样性、支持生计并帮助增强景观和社区的抵御力，尤其是在气候变化的背景下。

数据显示世界上四分之一以上的森林面积位于旱地，世界上近三分之一的旱地都有树木。报告认为，了解干旱地区的森林、树木覆盖和土地利用的状况和变化，对于评估气候变化和人类活动的影响、适应和减缓措施的成果以及区域土地退化中立目标的实施进展而言至关重要。

二、评估结果

最终评估结果表明，干旱地区包括高干旱、干旱、半干旱和半湿润干旱地区，覆盖约61亿公顷土地，占地球陆地面积的41%。根据粮农组织的评估，其中约11亿公顷(18%)为森林。

干旱地区拥有大约20亿人口、全球一半的牲畜、三分之一的全球生物多样性热点地区，还为鸟类提供了重要的迁徙点。干旱地区的生态系统易受缺水、干旱、荒漠化、土地退化和气候变化的影响。预计到21世纪末，世界干旱地区将增长10%到23%，给粮食安全、生计和人类福祉带来危险的后果。

从全球而言，大约18%的旱地为森林，其中一半以上树木的树冠密度超过70%，而荒地占28%，草地占25%，农田占14%。树木还存在于森林以外的旱地区域，特别是在亚洲和欧洲，总计约有20亿公顷的旱地上生长着树木。据估计，森林流域提供了世界上75%的可利用淡水资源，因此构成了至关重要的、具有成本效益的自然基础设施，能够为全球一半以上的人口提供高质量的水源(包括城市用水)。面对气候变化，基于森林的水管理方案将变得日益重要。

(摘译自：FAO 网站 FAO offers novel assessment of trees and forests in the world's drylands；编译整理：李想、陈雅如、赵金成；审定：李冰、周戡)

联合国发布 2021—2030 年生态系统修复十年计划

近日，联合国大会宣布了"2021—2030 联合国生态系统恢复十年"决议，旨在扩大退化和破坏生态系统的恢复，以此作为应对气候危机和加强粮食安全、保护水资源和生物多样性的有效措施。大会重点强调了生态系统恢复在实现可持续发展中的作用，指出要实现《2030 年可持续发展议程》中有关恢复生态系统的目标，必须采取紧急行动。

一、大会主要议程

本次联合国大会回顾了 2010—2020 年联合国荒漠及防治荒漠化十年(the United Nations Decade for Deserts and the Fight against Desertification)和 2011—2020 年联合国生物多样性十年(the United Nations Decade on Biodiversity)等实施情况，着重指出《2030 年可持续发展议程》所载的有关恢复生态系统的目标以 2020 年为最后期限，因此需要为实现这些目标采取紧急行动，强调森林、湿地、旱地和其他自然生态系统对可持续发展、减缓贫困和改善人类福祉至关重要，同时指出必须以生态系统方法综合管理土地、水和生物资源，而且需要加紧努力解决荒漠化、土地退化、侵蚀和干旱、生物多样性丧失、缺水等问题，这些问题被视为对全球可持续发展的主要环境、经济和社会挑战。根据《联合国气候变化框架公约》通过的《巴黎协定》的序言中确认，必须酌情养护和加强《公约》中提及的温室气体的汇和库，温室气体的汇和库涵盖森林、海洋、湿地和土壤，它们在适应和缓解气候变化以及在提高生态系统和社会对其影响的适应能力方面具有至关重要的作用，确认生态系统恢复的固碳效应对实现《巴黎协定》的长期气温目标具有更大的促进作用和重要性。

大会最后决定在现有结构和资源范围内，宣布 2021—2030 年为联合国生态系统恢复十年，目的是支持和扩大为预防、制止和扭转全世界生态系统退化所作的努力，并提高对成功恢复生态系统重要性的认识。指出生态系统恢复和养护有助于落实《2030 年可持续发展议程》和其他相关的联合国主要成果文件和多边环境协定，包括根据《联合国气候变化框架公约》通过的《巴黎协定》，并有助于实现爱知生物多样性目标(Aichi Biodiversity Targets)和 2020 年后全球生物多样性框架。

二、生态系统退化的影响

全球土地和海洋生态系统的退化破坏了 32 亿人的福祉，增加了他们受气候变化影响的脆弱性，物种和生态系统服务丧失的代价占每年全球生产总值约 10%。生态系统退化对各国，特别是对非洲、亚洲和拉丁美洲脆弱地区的生物多样性、土地生产力和经济有相当大的影响。全世界森林面积在 1990—2015 年期间从占全球土地面积的 31.6%降至 30.6%，但丧失速度近年来已经放缓。目前，地球上约 20%的土地呈生产力下降趋势，生育率下降与世界各地的侵蚀、损耗和污染有关。到 2050 年，退化和气候变化将使全球作物产量减少 10%，在某些区域可能减产 50%。

三、恢复退化生态系统的必要性

生态系统恢复是实现可持续发展目标的基础，特别是在气候变化、消除贫困、粮食安全、水环境和生物多样性保护等方面。它还是国际环境公约的支柱，包括拉姆萨尔湿地公约和关于生物多样性、荒漠化防治和气候变化等三个公约。基于自然的行动有可能扭转这种局面，恢复生态系统的整体办法可以产生切实利益，提高粮食和水安全，帮助保护生物多样性，并促进减缓和适应气候变化、减少灾害风险。确立联合国生态修复十年计划将创造有利环境，提高公众对确保人类福祉、经济可持续性和可持续发展的健全生态系统的重要性的认识。同样，它也将促进和便利相关行为体加大在恢复活动中的参与力度，从而鼓励和实现各利益相关方，如地方社区、公共部门、学术界、土著人民和整个社会的充分参与。

通过提出联合国生态系统修复十年计划，促进了生态系统的恢复。生态系统的恢复将采用多功能地形法，结合各种相互依存的土地利用方式，使生态、经济、社会发展方面的优先事项可以找到共同点、平衡和互补性，成为实现各种多边环境协议所设目标和目的的高成本效益工具。这将促进就气候变化、生物多样性、水资源、土地退化和减少风险相关议程采取协同办法，进而实现可持续发展目标。

土地退化是整个地球上普遍存在的系统性现象，需要紧急和及时地采取行动，避免、减少和扭转土地退化。迄今已有近 60 个国家宣布恢复超过 1.7 亿公顷退化土地的政治承诺，并将此作为波恩挑战的一部分。该挑战是一项全球性的努力，旨在到2020年使世界上1.5亿公顷被砍伐和退化的森林得到恢复，到2030年使3.5亿公顷森林得到恢复。它由德国政府和世界自然保护联盟IUCN于2011年发起，随后在2014年的联合国气候峰会上得到《纽约森林宣言》的支持和扩展。

尽管这些国家已做出政治承诺，但若要在各级产生必要的变革性影响，仍需凝聚更大势头，以养护和恢复生态系统。实现可持续发展，恢复生态系统是对养护活动的补充，而且应通过减少各种压力、维护生态的完整性和继续提供生态系统服务，优先保护生物多样性、防止自然生境和生态系统的退化。

四、恢复生态系统具体措施

该计划邀请联合国环境规划署和联合国粮食及农业组织与《里约公约》秘书处、其他相关多边环境协定和联合国系统各实体合作，牵头落实生态系统恢复十年，包括在其任务规定和现有资源范围内并酌情通过自愿捐款，确定和开办可能的活动和方案，具体举措包括以下六个。

一是鼓励会员国酌情在全球、区域、国家和地方各级促成政治意愿、资源调动、能力建设、科学研究与合作以及恢复生态系统的势头；

二是将生态系统恢复纳入各项政策和计划的主流，以应对因海洋和陆地生态系统退化、生物多样性丧失和气候变化脆弱性而出现的当前国家发展优先事项和挑战，从而为生态系统增强其适应能力创造各种机会，并为维持和改善所有人的生计创造机会；

三是酌情根据国家法律和优先事项制定和执行防止生态系统退化的政策和计划；

四是加强现有恢复举措，推广良好做法；

五是协助实现协同增效以及在如何通过恢复生态系统兑现国际承诺和完成国家优先事项方面树立全局观点；

六是推动分享生态系统养护恢复方面的经验和良好方法。

（摘译自：United Nations Decade on Ecosystem Restoration（2021－2030）；编译整理：李想、陈雅如、赵金成、王砚时；审定：李冰、周戡）

WWF发布《环境变化对全球经济的影响》报告

世界自然基金委员会(WWF)近日发布《全球期货：环境变化对全球经济的影响以支持决策》(*Global Futures: Assessing The Global Economic Impacts of Environmental Change to Support Policy-making*)的报告，总结了全球期货倡议的初步结果，测算了从印度到巴西的140个国家的自然衰退所造成的经济损失，首次揭示了如果世界不采取紧急行动解决全球环境危机，哪些国家的经济将在未来30年受到最严重影响。

报告认为，从气候变化、极端天气和洪水到水资源短缺、水土流失和物种灭绝，有证据表明，地球变化速度比历史上任何时候都要快。人们自己的饮食习惯、燃料和财政方式等正在破坏其赖以生存的地球生命支持系统。未来10年，人类不仅面临生态环境危机，而且还面临经济危机。报告研究考虑了自然通过“生态系统服务”为所有国家和产业带来的益处，例如农作物授粉、保护海岸免受洪水和侵蚀、供水、木材生产、海洋渔业和碳储存；也评估了提供这些服务的自然资产(如森林、湿地、珊瑚礁和鱼类资源)在未来各种发展情景下将如何变化，进而评估生态系统服务供应的最终变化将如何影响经济(包括GDP、贸易、生产和商品价格)。

研究结果表明，按照现有情景，到2050年，生态系统服务供应减少将导致全球GDP下降0.67%(与到2050年生态系统服务没有变化的基准情景相比)。假设经济规模/结构与2011年相同，与基准情景相比，相当于每年损失4790亿美元，到2050年，累计损失将达9.87万亿美元。木材、棉花、油籽、水果和蔬菜等大宗商品的全球价格预计也将上涨。较贫穷的国家将承担大部分成本，这将使本已脆弱的经济体面临的风险更加复杂。由于价格、贸易和生产水平的变化，东非、西非、中亚和南美地区受到的影响最为严重。美国、日本、澳大利亚和英国等国家也将因洪水和水土流失等遭受巨大经济损失。

相比之下，在全球保护情景下，由于世界采取了更可持续的发展路径，保护了对全球生物多样性和生态系统服务重要的地区，与基准情景相比，到2050年，全球GDP可能增加0.02%。但当前模型并未考虑“临界点”的潜在影响，临界点使栖息地迅速而不可逆转地变化，如热带雨林转向更干燥、更容易着火、干旱的大草原，生态系统服务大幅减少。值得注意的是，模型并没有分析地球正在经历的所有环境变化(如气候变化和水资源短缺)造成的经济影响，而是探究那些与特定自然资产变化相关的影响。因此，应将结果视为应对全球环境和气候危机的经济案例中的一部分，确定那些能从保护自然中获益最多的风险点和脆弱群体。

报告强调，为了扭转自然衰退，为了人类享有一个可持续和繁荣的未来，人们迫切需要对现有的经济和金融体系进行转型变革，以实现长期的可持续发展及自然保护和恢复。此外，需要达成一项新的协议，以确保在 2030 年前扭转生物多样性丧失，让自然走上复苏之路。报告的目的就是鼓励并促使世界各国领导人采取果断行动，以免为时已晚。

（摘译自：Assessing The Global Economic Impacts of Environmental Change to Support Policy-making；编译整理：周戬、李想、赵金成、王丽、陈雅如；审定：李冰）

第四篇

林草高质量发展

美国典型流域治理对我国黄河流域生态保护与高质量发展的启示——以密西西比河为例

密西西比河(Mississippi River)是美国的母亲河和地缘核心，也是美国早期经济崛起的关键基础和长期繁荣宜居的地理基础。

一、流域概况

密西西比河是世界第四长河，也是世界最重要的商业水道之一，还是北美鸟类和鱼类重要的迁徙路线。流域面积322万平方公里，占美国国土面积的近40%，流经美国32个州和加拿大2个省。2017年，密西西比河流域GDP占全美的27.5%，总人口占全美的29.4%。

生态地位十分重要。密西西比河是美国的母亲河，流域内分布着森林、草原、湿地、荒漠、荒野等多种生态系统，提供了如清洁水和空气等大量生态产品，以及涵养水源、保持水土、防风固沙、维持生物多样性等多种生态系统服务，为300多种稀有、受威胁和濒危动植物提供了重要栖息地。

野生动植物资源丰富。密西西比河中生活着至少260种鱼类，占北美所有鱼类的25%。在春季和秋季迁徙期间，全国有40%的迁徙水禽使用密西西比河道。北美所有鸟类中有60%(326种)使用密西西比河流域作为其迁徙路线。密西西比河上游有50多种哺乳动物以及至少145种两栖动物和爬行动物。

农业较为发达。密西西比河流域拥有面积约120万平方公里的黑土地，是世界三大黑土区之一，是美国小麦、玉米、大豆、棉花的最大产地。美国是世界上最主要的农作物以及肉、蛋、奶等畜产品的生产国，主要归因于密西西比河流域得天独厚的农业资源。流域内生产了美国92%的出口农产品，粮食谷物和大豆出口占世界的78%，且从美国出口的所有谷物中，有60%通过新奥尔良港口和南路易斯安那港口在密西西比河上运输。

能源与矿产资源富集。中上游的肯塔基、西弗吉尼亚、伊利诺伊、密苏里、印地安纳等州具有丰富的煤炭资源。下游的路易斯安那则是美国三大石油产地之一。流域水电装机容量达1950万千瓦，水能资源利用程度达70%。密西西比河中上游流域的密苏里、俄克拉何马和堪萨斯等州，是美国最大的铅锌矿区，全球广泛分布的“密西西比河谷型”(简称“MVT”型)铅锌矿床，命名源于此。明尼苏达、威斯康星、密苏里和田纳西则是美国重要的有色金属产地。肯塔基、伊利诺伊等州高品位的铁矿石资源，造就了以匹兹堡为代表的一批钢铁工业城市。

工业布局规模庞大。经过200多年的开发建设，密西西比河流域发展成为食品、钢铁、电力、机械、汽车等美国最重要的工业聚集带，并形成沿岸10个州各具区域特色的产业布局。

航运便捷高效。20世纪20年代开始，密西西比河流域形成了江、河、湖、海贯通，水深标准统一的内河航道网络，是美国内河航运大动脉。现通航里程约2万公里。每年完成的货运量稳定在5亿~6亿吨，约占全美内河航运的60%。

影响范围广泛。沿河上下游地区利用密西西比河获得淡水并排放其工业和城市废物。密西西比河还为全美50多个城市的1500万至1800万人供水。此外，密西西比河还是重要的休闲游憩资源，为划船者、猎人、垂钓者和观鸟者等创造了良好的观测体验环境。

二、流域生态系统存在的问题

同世界许多其他河流一样，密西西比河也经历过因过度开发导致流域生态恶化的发展阶段，主要表现在以下几个方面。

(1)泥沙沉积不均，水沙关系处理不当。密西西比河上游泥沙沉降过多，其原因是山地农田、居民区、商业区和高速公路建设的泥沙不断汇入，造成上游水库回水区和湿地泥沙沉积过多，阻塞河床，湿地不断萎缩；中下游泥沙沉积物供应不足，导致河床下降，三角洲面积不断缩小。

(2)湿地消失迅速，河流系统遭破坏。三角洲湿地不断消失是密西西比河的第二大生态问题。从1930年代至90年代，已经消失了3950平方公里。造成湿地消失的主要原因有三角洲沉积循环、相对海平面上升、海水入侵、地面沉降、大规模的冬季风暴和飓风袭击、啮齿类食草动物对湿地的破坏及履带车的使用等。

(3)洪水灾害频发，保护预警工作不力。百余年来，密西西比河曾发生重大洪灾36次，尤其因飓风风暴潮引起的洪灾损失相当严重。2011年春的融雪和大雨使密西西比河流洪峰达到峰值，迫使水库开闸放水，进而导致大量农田和河边城镇泛滥。

(4)水质恶化，富营养化严重。流域各州过量的农药、肥料、动物饲养、工业废水、市政污水排入密西西比河中，导致河流水质严重恶化。同时，大量建设的水利工程直接影响了河水的流动和分配，破坏了营养物和有毒物质在水和沉积物中的吸附和解吸，水体自净能力下降。到了20世纪后期，密西西比河水质问题已非常严峻。

(5)监管不力，严重影响生物多样性。2010年9月，在路易斯安那州靠近墨西哥湾的水域发生了美国史上严重的生态事件，英国石油公司(BP)采油平台发生的泄露事故污染影响海域约3000平方公里，导致大量鱼类死亡。美国当局对BP的监管存在严重漏洞，特别是在核发新准证之后，日常作业监管更是流于形式。

(6)管理政策难统一，流域规划不协调。美国作为联邦制国家，在密西西比河流域治理上存在多头管理，各自为政的问题，上下游之间缺少协同联动，治水政策不统一，流域更是缺少统一的规划，导致治理效果参差不齐，不利于修复流域生态系统。

三、主要做法和经验

为解决上述存在的问题，美国开始进行了一系列尝试和探索，主要表现在以下三方面。

(一)加大生态保护修复力度

美国制定了“滨海2050计划”，实施了一批重大生态修复工程。主要目标是确保大面积湿地不再退化，维持河口的地貌形态以提高生物多样性。具体措施包括四部分。

1. 造林和保育森林

美国在密西西比河沿岸实施了大量的生态修复工程，例如1990年，美国国会通过了森林遗产项目(Forest Legacy Program)，以促进密西西比流域各州对林地加强保护，特别是对由林地转化为非林地的土地利用变更加以严格限制，同时在宜林地实施造林工程。森林植被显著稳固了堤岸，减少了水土流失，同时扩大了野生生物的基本栖息地面积。在树种选择上，密西西比河流域沿线各州充分尊重了客观规律，结合当地水热条件，在科学监测的基础上，筛选出低耗水的乡土树种并将其作为主导植被，真正实现了以水定树，适地适树。

2. 建立草地缓冲带

主要指在密西西比河沿岸的地表汇流区和流经地区种植的条带状草地。其基本目的是减少表面径流形成后水流对地表的冲蚀，保持水土，减弱侵蚀，拦截部分水中泥沙、悬移质等，也可以与过滤带配合共同减少水体污染。缓冲带有效改善了密西西比河的水质，也拦截了肥料、杀虫剂、病原体和重金属等，减少泥沙入水量最高达75%。此外，缓冲带还显著增加了密西西比河流域的生物多样性，在修建缓冲带后，两栖动物如青蛙、爬行类、鸟类等明显增多，在岸边缓冲带内筑巢、栖息等，并且种群数量比过去明显增加。

3. **加强湿地恢复**

主要通过以下三种方式①：一是通过分流河道引入淡水。如戴维斯人工湖便是从密西西比河引入的淡水。即从上游 30 英里(1 英里≈1.6 公里)处的河堤闸把水从新奥尔良引到一个用防洪堤围成的 9300 英亩(1 英亩=0.405 公顷)的人工洼地。二是补充泥沙，河口淤泥浮沙再利用。重新将营养丰富且含有大量泥浆的水灌填到湿地里，是恢复湿地和减缓土地流失的一个有效方式。三是恢复障壁岛。屏障岛屿和海岸线是暴风浪及海水冲刷的第一道障碍，其保护措施包括保持海湾和湖泊海岸线的完整，修建消浪堤等。

4. **加强各类监测和调查**

主要包括土地覆盖遥感监测、生物资源调查与监测、地质灾害调查与监测、地理信息系统建设与服务等。覆盖数据也可用于评价人类活动对洪泛平原的影响以及流域内植被分布、生态系统变化、土地利用情况的监测；重点对密西西比河流域动植物资源开展了调查监测，包括鱼类、鸟类等动物和典型植被，以及重要生态系统如湿地等；建立了密西西比河流系统数据服务系统，提供环境管理程序开发的地理信息数据和其他来源的相关数据，面向社会提供信息化服务。

(二)依法治河

从 1820 年起，美国国会开始陆续制定并颁布一系列涉及内河的法令，使水资源、水利、水电、水运工程建设与管理均有法可依，保障了内河开发有序进行。主要法律包括以下五部。

1. **湿地相关法规**

美国制定了《沿海湿地规划、保护及恢复法》，具体执行者是路易斯安那州沿海湿地保护与恢复工作组，它由来自美国垦务局、国家环境保护局、国家鱼类及野生生物中心、国家农业部、国家海洋渔业中心及路易斯安那州的代表组成。1992 年，美国沿海地区合作体成立，联邦、州及地方三级政府来共同保护和恢复沿海地区的珍贵资源。

实施过程分规划、建设、监测及运行管理四个阶段。项目规划阶段的所有费用由联邦政府负担，项目建设阶段的费用由联邦和非联邦组织分别负担 75%和 25%。如果项目通过联邦的审议，其费用负担比例将为联邦 85%和非联邦 15%。湿地保护和恢复的资助通过 1990 年的财政补充规定得到落实，主要来自渔业设备、机械船及小型动力燃料的税收。《沿海湿地规划、保护及恢

---

① 摘自 Louisiana coastal wetlands conservation and restoration task force and the wetlands conservation and restoration authority . Coast 2050: Toward a Sustainable Coastal Louisiana . Louisiana Department of Natural Resources [R]. Baton Rouge, LA , 1998.

复法》将每年提供近5000万美元的资助用于路易斯安那州，到2009年用于保护和恢复路易斯安那州沿海湿地项目的资金将超过10亿美元。1990—1997年间，近2.5亿美元通过《沿海湿地规划、保护及恢复法》投入到治理项目中，有13%的湿地流失得到了遏制。

2. 防洪法规

多次发生的严重洪灾，促使国会通过《防洪法》，此后对该法进行多次修订，1965年的《防洪法》开始推行工程措施与非工程措施相结合的防洪政策。

3. 水资源法

1972年《清洁水法》颁布，通过实施国家污染物排放消除制度(NPDES)许可证项目，建立了以最佳可行技术的排放标准为基础的排污许可证制度。通过建设污水处理厂并实施排污许可制度，有效降低了废水的生化需氧量，促进了流域水质的改善。此外，涉及流域管理的法案还有《水资源规划法》《水资源发展法案》等。

4. 航运法规

1998年国会通过的《面向21世纪的交通运输平衡法案》中，仍将发展内河航运作为重要内容，对密西西比河水系航运的开发起到了十分关键的作用。

5. 保险法

联邦政府颁布的《河流流域管理局法案》《联邦洪水保险法》《国家洪水保险法》《洪水灾害防御法》和《洪水保险计划修正案》等多部防洪保险法规，有效推进了防洪保险。

(三)组建管理机构，加强多部门协调

1. 设置集中统一的防洪管理机构

1879年美国国会设立密西西比河委员会，通过规划改造，最终形成了江、河、湖、海贯通，水深标准统一的内河航道网络。整个水系发展成为集航运、防洪、发电、供水、灌溉、娱乐、环保于一体的综合利用水系。1928年制定的《防洪法》规定，由陆军工程师团(COE)负责全国的防洪和航道整治管理。1997年建立的富营养化工作组，参与部门包括美国环保局、农业部、内政部、商务部、陆军工程兵团和12个州的环保农业部门。此外，相关协调机构还包括密西西比河上游流域协会、密西西比河下游保护委员会等。

2. 制定联邦流域管理政策

20世纪80—90年代，美国环保局(EPA)逐渐认识到以流域为基本单元的水环境管理模式十分有效，开始在流域内协调各利益相关方力量以解决最突出的环境问题。1996年，EPA颁布了《流域保护方法框架》，通过跨学科、跨部门联合，加强社区之间、流域之间的合作来治理水污染。框架实施过程中，结合排污许可证发放管理、水源地保护和财政资金优先资助项目筛选，

有效地提高了管理效能。

3. 制定专项国家行动计划

2001年，富营养化工作组发布了行动计划，制定了2015年将墨西哥湾缺氧区域减少到5000平方公里以下的计划目标，并设立了到2025年降低氮和磷负荷20%的过渡目标。

4. 多渠道筹集资金

联邦政府与地方政府共同分担有关费用。1986年国会通过的水资源开发法案规定，州政府分担25%～50%的费用。用于建设堤防的取土或退建占地的费用，由地方政府解决，联邦政府不出资。防洪堤的管理和维护费用从地方政府的税收和征收防洪费中解决。

5. 推进防洪保险

防洪保险是美国采取的一项重要的非工程措施之一。1968年，国会通过的《国家防洪保险计划》包含两个原则：一是鼓励州和地方政府在规划未来的经济发展区时避开洪水灾害区，从"抗拒洪水"的方针改为"给洪水让路"的方针；二是使公众能以承担得起的保险费参加保险。1973年，又通过立法将自愿保险改为强制保险。联邦防洪保险单由联邦救灾总署发行，但保险单的销售、保险联营、理赔等均由私人保险公司经营。到80年代，共有3万个保险公司，经售190万个保险单，保险总额达1100多亿美元。

6. 重视科学实验

美国政府十分重视治理中的科学实验，并在应用中不断探索。美国陆军工程兵团设有健全的科研队伍和实验设施，各种重要的工程都要经过模型实验。设置在维克斯堡的水道试验站建有世界最大的内河模型——密西西比河水系整体模型，占地达4000平方公里，以模拟方式研究防洪方案和河势规划。模型能复演历史上的大洪水，预演可能发生的更大洪水，优化防洪堤的顶高，确定全流域的防洪方案。同时，在各项工程的规划和设计中，注重将最新的科学技术成果运用于治理的实践之中，最大限度地优化开发方案。

四、对我国黄河流域生态保护和高质量发展的启示

综上所述，通过比较分析美国密西西比河存在的问题及治理成果，对我国黄河流域生态保护和高质量发展可能有如下启示。

1. 坚持保护优先，加强黄河流域生态保护的统筹规划

黄河上游局部地区生态系统退化、水源涵养功能降低；中游水土流失严重，汾河等支流污染问题突出；下游生态流量偏低、一些地方河口湿地萎缩。因此必须从全流域角度统筹考虑，全面加强黄河流域生态保护，牢固树立上中下游一盘棋的思想，加快编制《黄河流域生态保护规划》，明确"保护优先"

的原则，坚持山水林田湖草沙与人有机结合，统筹生态要素，实施系统治理。

整合优化黄河流域各类保护地，科学划定并严守黄河流域生态保护红线；探究建立黄河流域生态保护和高质量发展生态补偿机制，特别是上中下游之间的横向补偿机制；继续开展天然林保护、退耕还林、退牧还草、三北防护林等重大生态工程，大力开展湿地恢复、沙化土地治理、小流域综合治理、封禁保护等生态工程，充分发挥生态系统的自我修复能力，构筑统一完整的黄河流域生态系统；此外，要在河长制的基础上探索建立基于完整黄河流域的生态文明考核体系和生态环境损害追究制度，完成中央和黄河流域各省区的事权划分，切实明确各方主体责任。

2. 坚持分区施策，分类指导

黄河生态系统是一个有机整体，要充分考虑上中下游的差异。整体来看黄河流域降水量偏少，全流域多年平均年降水量为 438 毫米，但空间分布不均，中上游南部和下游地区多于 650 毫米，而深居内陆的西北宁夏、内蒙古部分地区，其降水量却不足 150 毫米。与降水条件类似，黄河流域不同区域在气温、土壤、适宜植被类型等方面也存在明显差异，因此在全流域生态保护修复过程中必须考虑区域差异，特别是在重点保护对象、保护方式、技术手段、政策等方面体现区域差异性。

在黄河上游加强源头保护，打造各类保护地群，减少人为干扰，提供更多优质的生态产品，重点是涵养水源和保护生物多样性；中下游则应以防治水土流失、保护湿地为主，重点构筑具有防洪、水土保持等复合功能的黄土高原植被体系，构建黄河湿地保护区体系。

3. 坚持以水定绿，明确黄河流域植被的主导功能

当前黄河流域森林覆盖率为 19.3% 左右，低于全国的平均水平（22.96%），仍有提高空间，但要明确黄河流域各区域生态建设中植被的主导功能，不能把所有生态功能均附加到森林中。已有研究表明，当前黄河流域部分地区植树造林可能已接近水资源供给的最大潜力①，在该地区增加造林面积的传统思路可能已到拐点，急需从规模扩张转为质量功能提升。自然植被或者人工造林都需直接消耗水分，并且也会减少入黄径流量，增加蒸发量，大规模造林可能会加剧水资源危机。

因此，黄河流域生态保护必须真正坚持以水定绿，当前黄河整体上是资源性缺水，人均水资源占有量只有 383 立方米，只占全国平均水平的 18%左右。因此要考虑水资源的植被承载力，合理规划分布格局。所谓水资源的植

① Feng X, Fu B, Piao S, et al. Revegetation in China's Loess Plateau is approaching sustainable water resource limits（中国黄土高原的植被正在逼近可持续的水资源极限）[J]. 2016.

被承载力，主要是指在理论上，各个区域的水资源量相对固定，所能承载的植被量必然有限，相当于水资源所能承载的植被覆盖率①，该值可以计算。水资源承载力应考虑两方面，即植被覆盖率的最大量，以及植被的配置和空间格局。当前应在黄河流域各区域开展水资源森林植被承载力计算，科学准确地测算出黄河流域各区域水资源允许最大可能发展的森林植被量。在得出植被最大承载力的基础上，设计出合理的、符合功能需求的、功能导向型的植被分布格局。

另外，在"宜林则林、宜灌则灌、宜草则草"的基础上，对一些水热和土壤条件较差的特殊区域，应以保持原生自然生态系统为主(如 wilderness/wildland 等)，坚持自然恢复，减少或禁止人工干预。原生自然生态系统的作用在科学界已被承认，在水源区被认为可能是最重要的产水区，因相同降水条件下，其蒸散值最低，相应地，其产生的径流量就最大。

4. 坚持依法保护，加强立法

美国治理密西西比河的经验表明，完善的立法和有力的执法是提升治理效果的重要保障。在不断完善执行已有法律的基础上，可尝试起草《黄河法》，将黄河流域生态保护与修复列为专门一章，或起草《黄河流域生态保护与修复条例》，构建完整的黄河流域生态保护与修复制度体系，明确管理机构、执法协调协作机制、权力监督机制、经济激励机制、公众参与机制等，建立责任体系，夯实地方政府和相关行为人的法律责任，特别是生态环境损害赔偿责任等。

5. 坚持综合治理，加大跨部门协调力度和交叉学科研究力度

美国的经验表明，多部门协作是治理流域的有效方式，黄河流域生态保护和高质量发展问题涉及水利、自然资源、林草、农业等多部门，因此必须加大跨部门协调和合作力度，多部门共同参与编制规划，分工实施，考核监管等。相应的研究也需要林学、生态学、水文水资源学、水土保持、社会经济效益等多学科内容，因此必须加大交叉学科的研究力度，在规划设计过程中汇聚各学科人才，在大尺度上综合考虑黄河的生态保护和高质量发展问题，形成具有生态学原理和社会经济支撑条件下的生态成果输出机制。

(摘译自：NPS Mississippi River Facts，State of the River Report 2016，https：//www. britannica. com/place/Mississippi－River/Physical－features；编译整理：李想、陈雅如、赵金成、王砚时；审定：李冰、王月华、周戡)

---

① 潘春芳．破解旱区"水密码"——北京林业大学教授余新晓谈干旱半干旱地区植被建设与恢复[N]．中国绿色时报，2015-09-23(003)．

国外生态补偿实践经验及启示

2019年12月16日出版的《求是》杂志第24期，发表了习总书记的《推动形成优势互补高质量发展的区域经济布局》重要文章，其中单独谈到有关全面建立生态补偿机制的内容。当前，我国林草事业投资主体单一、投入总量不足等"投资洼地"的事实客观存在，推动林草事业高质量发展亟待建立多元化、市场化、长效化的投入保障机制。因此，借鉴发达国家先进经验，积极探索建立健全符合我国国情的生态补偿机制，将有助于更好地贯彻落实习总书记讲话精神，为新时代林草事业现代化提供强大动力和必要支撑。

一、国外生态补偿实践最新概况

生态补偿机制是以保护生态环境、促进人与自然和谐共生为目的，根据生态系统服务价值、生态保护成本、发展机会成本，综合运用行政和市场手段，调整生态环境保护和建设相关各方之间利益关系的一种制度安排。生态保护与建设是一种具有较强正外部性的社会经济活动，实施过程中会引发两种矛盾：一是较低的边际社会成本与较高的边际私人成本之间的矛盾，二是较高的边际社会收益与较低的边际私人收益之间的矛盾。在这两种矛盾的作用下，生态保护与建设往往以牺牲少数人的当前利益来获取社会大范围的长远收益。如果不提供补偿，就难以调动人们参与的积极性。因此，有效开展生态补偿，对生态保护和建设具有重要意义。

（一）补偿原则

当前，世界各国生态补偿机制的构建，普遍遵循了"谁保护，谁受益"原则(provider gets principle，PGP)，这里的"受益"即受到补偿，该原则由经济合作与发展组织(OECD)提出。此外，随着生态问题的日益严峻和社会的不断发展，人们不再视生态服务为"免费午餐"，为其付费的意识也随之产生，这就诞生了生态补偿的另一基本原则，"谁受益，谁补偿"原则(beneficiary pays principle，BPP)，此处的"受益"指享受生态服务。此外，通常情况下受偿地区的发展相对不足，生态补偿还肩负着提高社会福利，改变粗放落后的生产方式，调整产业结构，提高生活水平的重任，即应将"输血式"补偿转变为"造血式”补偿[①]。

(二)补偿模式

补偿模式的分类主要由主导方决定，具体包括政府主导购买模式和市场协商主导模式两大类。

公共支付方式在发达国家也比较常见，资金可以来自于公共财政资源，也可以来自于有针对性的税收或政府掌控的其他金融资源，如一些基金、国债和国际上的一些援助资金。

一是政府主导购买模式，这是目前国外最为普遍的主流生态补偿模式，其实质是直接公共补偿，主要特征是：政府主导制定生态补偿的具体政策，并负责实施和监督生态补偿行动。政府购买模式具体还分为政府是唯一补偿主体和政府主导两种。二是市场协商主导模式，即运用市场机制对生态补偿实施者进行直接补偿，由生态开发受益者与生态补偿实施者通过协商谈判确定补偿方式和数额。市场协商主导模式又包括市场化运作模式和生态产品认证两种方式，可以和政府主导补偿模式互为补充。

(三)补偿领域

建立完善的生态补偿机制是经济社会发展到一定阶段后的必然趋势。国外部分国家的生态补偿实践开展较早，美国、欧洲等大部分国家和地区多采用生物多样性保护、碳蓄积与储存、自然景观的文化价值保护等方式，已在森林、草原、流域、保护区等领域通过综合运用法律、制度等手段，进行了一些较为成功的探索和积累。

1. 森林生态系统

森林生态补偿资金大多由政府主导，资金投入主要依靠国家设立的生态补偿基金、增加或减免税收等，也可以通过市场调解机制进行补充，如采用森林产品生态认证体系，使受益方通过市场交易付费补偿受损方等。全球碳市场也是生态补偿的一个重要方面。为了减少温室气体的排放，1997 年 12 月联合国气候变化框架公约参加国第三次会议制定了《京都议定书》，由于在本国内实现温室气体减排的成本更高，于是一些发达国家热衷于向发展中国家购买碳当量以实现减排目标，全球碳贸易被逐渐推向高潮。欧盟的排放交易方案(EU ETS)作为对《京都议定书》的响应，于 2005 年实施后，欧洲的碳贸易市场也进入了快速发展阶段。最有代表性的生态补偿项目是由墨西哥政府

---

① 秦艳红，康慕谊. 国内外生态补偿现状及其完善措施[J]. 自然资源学报. 2007，7，第 22 卷，第 4 期.

在21世纪初主导发起成立生态基金，主要用于补偿森林生态保护和森林生态环境修复。政府对森林进行分类，对重要生态森林区和一般生态森林区进行差异化分等级补偿。爱尔兰为鼓励私人造林采取了两种激励政策，即造林补贴(planting grant)和林业奖励(forestry premium)。哥斯达黎加对造林、可持续的林业开采、天然林保护等提供补偿。

2. 草原生态补偿

1933年美国颁布《保护性调整方案》和"农业保护计划"，这项计划由政府直接提供财政资金对农民在退耕还草过程中的损失进行补偿。1956年美国又颁布《农业法案》，该法案中的农田退耕计划又称"土地银行计划"，同样是由政府提供财政补贴，对农民附带条件的短期退耕进行财政补贴。在纽约，政府对生态补偿资金的提供承担主要责任。如在流域水土保持工作当中，政府为了提高上游居民基于草原开展水土保持的积极性，制定了经济补偿政策，资金由下游受益区的政府提供。这种由"政府购买草原生态效益，提供补偿金"的政策对生态补偿具有积极的研究意义。瑞典同样对退耕还草进行高额财政补贴，其对劣等地退耕种草造林的补助率达到50%。

3. 湿地生态补偿

国际上的生态补偿方式分以市场为主导、以公共支付为主导两种方式，市场主导方式发挥着基础性作用。市场主导方式包括自行组织的私人交易、开放的市场贸易、生态标记等。自行组织的私人交易适用于生态环境服务的受益方较少并很明确，其实施较为依赖明晰的产权、可操作性强的合同；而使用开放的市场贸易这种方式，需要政府将环境服务明确为可交易的商品或制定相关需求规则。开放贸易的成功案例有美国保护湿地的"湿地银行"、澳大利亚针对Mullay-Darling流域盐渍化问题开展政府水分蒸腾蒸发信贷等。

4. 生境和自然保护地生态补偿

目前普遍遵循的范例有3种：经典途径、公众途径和新自由途径。经典途径的主要观点是，社区公众是保护区生物多样性的直接威胁者；公众途径则认为社区公众的参与和赋权是多样性保护的重要方面；新自由途径将管理机构、市场和政策的失误作为生物多样性损失的根源，因此应该采用经济手段解决保护区生物多样性的保护和发展问题。其中支付意愿(willingness to pay)调查是目前应用较多的方法之一。随着生态补偿意识的提高，近年一些国家通过对自然保护地生态恢复和环境保护的支付意愿调查来增加相关项目的投入，以弥补政府投资的不足，提高公众参与意识和政府决策水平。如在美国俄亥俄州湖县，由于当地社区缺乏环境保护资金，地方政府采用条件价值评估法(CVM)和意愿调查法了解地方公众对改善环境条件的支付意愿。结果表明，被调查公众有57%愿意每月至少支付1美元用于环境恢复项目。基于此结果，地方政府决定每月从每户收取1.5美元用于补充环保项目费用。美国俄勒冈州大马哈鱼保护影响当地文化、政治和经济发展。但支付意愿调查表明，当地公众对大马哈鱼保护区恢复的支持率和支付意愿在1996—2002年期间呈下降趋势，其缘由尚不清楚。对斯里兰卡首都哥伦布市大象保护区居民的支付意愿调查发现，如果假设大象数量在现有基础上下降，则支付意愿增加，虽然对大象保护区的支付意愿与政府保护政策紧密相关，但支付意愿并不能度量物种的总经济价值。自然保护区生态补偿，不论是在发达国家还是在发展中国家，公共支付手段都占主导地位，也是社区积极参与保护地管理的有效方式。欧盟1992年推出了栖息地保护公约，在法律上确立保护生境的生态补偿措施。美国的渔业与野生动物保护方案（FWS）和一些非赢利性的土地信托项目通过激励机制促进私有土地所有者之间加强合作，以创建和改善生境。

5. 流域生态补偿

主要补偿水质、水量保持和洪水控制三个方面。在上下游水资源利用方面，欧盟国家普遍采用的是协商确定保护规范、保护责任和补偿标准的方法，由下游水资源区域给上游区域付费，限制上游对水资源的开发利用，达到保护流域水源的目的；澳大利亚是采用联邦政府出资对各省提供补贴，各省负责所在流域的水源保护；南非是政府出资雇佣社会贫困和弱势人员对流域实施生态保护工作，实现流域生态安全保护与扶贫的有效结合，政府每年支付出两亿美元。

综上所述，生态补偿主要是通过政府主导和市场交易作用而实现的。美国、德国等发达国家已初步建立了生态服务付费的政策与制度框架，形成了直接的一对一交易、公共转移支付、限额交易市场、慈善补偿和产品生态认证等较为完整的生态补偿框架体系。

（四）补偿方式

生态补偿方式主要包括公共财政直接支付和市场融资两种。公共财政直接支付方式主要针对全民、公有及共享的资源和生态系统，由政府或国际组织建立专项资金直接投资或提供税收、补贴及信贷激励等；市场融资方式包括产权的分配与让渡、自由的市场交易、收费及限额交易等，从发展趋势来看，市场融资方式逐步成为主流方式。表1列出了一些有代表性国家针对不同领域的生态补偿方式。

表 1　部分国家生态补偿方式的比较①

国家	补偿方式	补偿领域
美国	政府对退耕农户直接补偿、征税、受益方支付租金	水、土壤、野生动植物等
	在国有林区征收放牧税、采用森林产品生态认证体系	森林
	水质信用市场、湿地银行、相关方直接市场交易、强化地役权	流域
	政府向损失方提供补偿、受益方直接付费	生物保护、景观和水环境
英国	保护者收入不上缴、贷款、优惠、补贴 森林产品生态认证	森林
	《京都议定书》之外的碳交易	减少温室气体排放
法国	国家森林基金减免税收	森林
	受益方通过市场交易付费	流域
德国	减免经营税、森林产品生态认证	森林
	受益方通过市场交易支付	生物多样性

(五)补偿标准

生态补偿机制的重要内容之一，就是确定补偿标准，目前国外已经开展了一系列的探索和尝试，其实践依据主要包括：

一是用机会成本作为补偿标准的依据。比较有代表性的是墨西哥、哥伦比亚、哥斯达黎加等拉美国家，比如墨西哥的土地平均机会成本和哥斯达黎加的造林机会成本核算法。

二是从生态效益的角度，通过提供生态服务替代方式，确定生态补偿标准，即保证生态受损的地区重新得到相同的生态功能。比如，荷兰在修建高速公路时，在相邻地区重新建立了一块具有同等生态效益的项目，补偿了修建公路带来的生态环境破坏；加拿大温哥华机场扩建，影响了鸟类栖息与迁移，机场扩建者重新购买土地改造成草地和湿地，供候鸟栖息，避免生态效益损失。

不同的国家由于经济水平和补偿内容的差别，补偿标准存在一定差异，但各个国家都在实践中不断进行调整，以期补偿标准更为符合本国实际。国外比较注重生态补偿中的补偿效益，补偿标准的确定会综合考虑所属区域、机会成本以及各补偿主体的意愿，综合分析各种情况，确定各种类型的补偿额度，这可能导致相邻的两个区域之间的补偿结果差异较大。

二、生态补偿现状评价

世界范围内广泛实施的生态补偿，对促进生态服务市场化、为生态建设

① 于升峰，王春莉．国外生态补偿的实践、机制及其启示[J]．青岛行政学院学报．2018年第6期．

筹资、改善生态质量、增强人们的生态保护意识等都起到了重要作用，为相关工作进一步开展积累了不少经验。但目前有关生态补偿的研究仍以个案剖析为主，在理论探讨方面还缺乏必要的深度，也未形成一套适用范围广、可复制性强的生态补偿机制，在面对如何确立补偿标准、如何处理生态补偿与地区经济发展的关系、如何实现受益者补偿等问题时，尚未形成令人信服的系统化方案。具体来说，现有的生态补偿机制实践有如下不足：

一是生态学和经济学交叉融合程度不足。生态补偿是以生态学和经济学为基础的，但实际中两种基础学科的交叉融合程度还不够，往往缺乏对具体问题的深入论证，导致在生态、经济间取舍时顾此失彼，难以令人信服。

二是生态服务的交易方、交易方式和实物量难以界定。生态服务中的供给方(受偿方)、受益方(支付方)依据何种方式界定，以及供给方向受益方提供了何种服务、提供了多少服务都缺乏公认有效的量化标准和手段。

三是补偿标准不合理。补偿标准的确定一般采取"一刀切"的方式进行，忽略了不同地区自然条件和经济条件的差异；受益者的支付标准如何确定也未有科学系统的计量方法。

四是补偿方式简单，补偿成效单一。大多数补偿行为具有较强的"输血式"特征，过于依赖资金支付，对补偿行为在社会经济方面所产生的影响关注不够，未能充分发挥补偿对保护者或保护地区生产发展所应具有的调整调节作用，系统性、可持续性不强。

五是补偿机制不完善。补偿缺乏有效监测、监管和制衡，实施成本较高，补偿效率存在一定的短板。

三、对我国开展生态补偿的启示

(一)完善组织管理体系

完善的组织管理体系对于实施生态补偿必不可少。由于涉及多个部门，各级政府须通过加强部门间的协调与合作，建立生态补偿的征收机制和发放机制，确保补偿资金在受偿方和支付方之间的转移流动的顺畅高效。生态补偿组织管理体系应由补偿政策制定机构、补偿计量机构、补偿征收与发放机构、补偿监管机构等部分构成。补偿计算机构所确定的补偿标准是否合理、补偿流通网络能否保证补偿费用的合理分配和落实是其中的关键环节。为了降低交易成本，组织管理体系应尽量在现有部门和机构的基础上设置，还可以将分散的农户组织起来，签订集体合同。

(二)加强科学研究

从世界范围看，生态学与经济学理论和方法的交叉融合是生态补偿科学研究和相关政策制定的基础。但当前相关领域的空缺还较为明显，导致制定生态补偿措施时，容易过于偏重单一因素，忽视了社会经济条件对生态保护的影响。建议加强相关科学研究，深入分析当前我国经济社会现状、林草事业发展以及自然生态系统保护的客观实际，逐步构建科学合理有效的生态补偿机制。

（三）建立完善相关政策法规体系

生态补偿是一项庞大的系统工程，涉及社会经济等很多方面，建议要建立健全有效的生态补偿法律政策体系，为生态补偿提供完善有效的法制依据，确保生态补偿的各环节、各阶段、各要素行为都有据可依。

（四）健全完善相关补偿机制

完善的补偿机制应构建包括政府、企事业单位、社会团体、公益组织、经营者个体在内的多元化、长效稳定的投入保障渠道；能够根据阶段性目标界定支付方、支付标准，受益方和受益标准；能够在各不同阶段提供丰富有效的补偿方式，促进保护者和保护地区在生态、经济、社会发展等方面的调整提高，形成受偿地区生态、经济社会效益的良性循环，保障保护者、受益者双方的合理权益，确保补偿有益、高效、可持续。

（五）加强生态补偿的监测、评估和监督

建议引入第三方机构进行生态补偿绩效评估，运用国外成熟的收益损益法、效果评价法等方法，科学分析评价生态补偿的经济和社会效益，并适时向社会公开并接受监督。

（摘译自：各国相关网站；编译整理：彭伟、李想、陈雅如、赵金成；审定：李冰、周戡）

后　记

经过努力，《气候变化、生物多样性和荒漠化问题动态参考年度辑要》(以下简称《辑要》)与读者见面了。《辑要》密切跟踪国际生态治理进程和各国生态保护与建设情况，力图及时、客观、准确地搜集、分析、整理国际气候变化、生物多样性和荒漠化领域的重要行动和政策信息，供相关领导、管理部门和从业人员了解掌握和决策参考。

此项工作得到了国家林业和草原局领导的亲切关心，得到了各司局及有关单位的大力协助和林草系统诸多专家的悉心指导。在此谨向关心支持这项工作的领导、专家和有关单位表示衷心感谢！气候变化、生物多样性和荒漠化等问题覆盖面广，涉及内容多。我们的工作肯定有不完善之处，今后会倍加努力，希望继续得到各界人士关心和支持，对我们工作提供宝贵意见与建议。

国家林业和草原局经济发展研究中心

地址：北京市东城区和平里东街18号，100714

电话：010-84239047

E-mail：dongtaicankao@126.com